Le nombre d'or

QUE SAIS-JE ?

Le nombre d'or

MARIUS CLEYET-MICHAUD
Ancien élève de l'Ecole Polytechnique

Sixième édition mise à jour

48e mille

ISBN 2 13 041780 9

Dépôt légal — 1re édition : 1973
6e édition mise à jour : 1988, mai

108, boulevard Saint-Germain, 75006 Paris

INTRODUCTION

Mystérieuse expression qui revient fréquemment dans les propos des artistes et des poètes, grandeur arithmétique authentique, le nombre d'or renferme-t-il, comme le croient certains, la clef de la connaissance ? Tiendrait-il en outre sous sa dépendance toute œuvre d'art digne de ce titre ?

A l'intention de tous ceux que le nombre d'or séduit ou plus simplement intrigue — et ils sont légion —, nous nous proposons de présenter, dans les limites d'un ouvrage court, un ensemble de faits positifs. Notre ambition — sera-t-elle réalisée ? — est d'écrire un ouvrage d'un caractère scientifique, ce qui ne signifie pas que nous nous bornerons aux propriétés mathématiques du nombre d'or. Une partie importante de notre exposé sera consacrée aux idées qui « gravitent » autour du nombre d'or, ainsi qu'aux applications qu'on en fait ou qu'on est susceptible d'en faire. Mais à cette occasion, nous nous efforcerons de nous tenir dans une attitude d'objectivité qui pourra surprendre, s'agissant d'un thème qui suscite fréquemment — l'expérience le montre — des comportements passionnés, pour ne pas dire passionnels.

Nous continuerons cette introduction par quelques réflexions qui nous sont venues à l'esprit au cours de la rédaction et qui portent sur la présentation de l'ouvrage. Nous nous sommes aperçu en particulier qu'il était difficile de contenter pleinement un lecteur donné alors que le présent ouvrage s'adresse à une grande variété de lecteurs. Beaucoup d'entre eux sont avant tout curieux d'idées générales appuyées sur des exemples simples, plutôt que de détails trop techniques. Cette circonstance ne doit pas nous inciter à l'oubli d'autres lecteurs mieux informés ou plus spécialisés. Nous en avons toutefois tiré certaines conséquences.

C'est ainsi que dans la première partie — « Qu'est-ce que le nombre d'or ? » — nous avons introduit l'essentiel des faits mathématiques suffisants pour permettre de comprendre la place que le nombre d'or tient dans la nature et dans l'art.

Mais il nous fallait compter avec les lecteurs mathématiciens et, plus généralement, curieux des « choses » mathématiques. A leur intention, dans une deuxième partie intitulée « Le nombre d'or, être mathématique », nous nous sommes étendu assez longuement — la matière ne manquait pas — sur les caractères qui font du nombre d'or, suivant l'expression de l'astronome Képler, un « joyau de la géométrie » (on pourrait ajouter « de l'arithmétique et de l'algèbre »).

D'un autre côté, reconnaissons que dans les quelques analyses d'œuvres d'art données à titre d'exemple, nous n'avons pu éviter qu'elles n'apparaissent comme une illustration un peu austère — bien qu'elle ne puisse rebuter, à notre avis, les esthéticiens et artistes — de la géométrie du nombre d'or. Nous n'avons pas voulu tomber, ce qui eût été facile, dans un verbiage sans consistance.

Au total, nous espérons que ce petit livre pourra être utile. A ceux qui nous reprocheraient de détruire les rêveries séduisantes auxquelles se prête si aisément le thème du nombre d'or, nous répondrions que ce thème renferme suffisamment d'énigmes pour que nous ne puissions avoir la prétention de les dissiper, nous efforçant toutefois de les faire sortir du vague stérile où elles demeurent fréquemment.

PREMIÈRE PARTIE

QU'EST-CE QUE LE NOMBRE D'OR?

CHAPITRE PREMIER

IL Y A NOMBRE D'OR ET NOMBRE D'OR

Jusqu'à une époque relativement récente, le *Petit Larousse* donnait la définition suivante du *nombre d'or* :

« Cycle lunaire de 19 ans. »

Les dernières éditions donnent cette autre définition :

« Nombre égal à $\frac{\sqrt{5}+1}{2}$, soit environ 1,618, correspondant à une proportion considérée comme particulièrement esthétique. »

L'expression *nombre d'or* sert donc à désigner à la fois deux grandeurs foncièrement différentes :

— une grandeur physique (plus précisément astronomique) ;

— une grandeur purement arithmétique (à laquelle on attribue certaines propriétés esthétiques).

Au début du présent ouvrage, il importe de bien distinguer ces deux grandeurs, afin d'éviter toute équivoque à ce sujet.

I. — Le nombre d'or des astronomes

On attribue à l'astronome grec Méton (il vivait au Ve siècle avant J.-C.) une découverte essentielle : si l'on considère une période de *dix-neuf années*, il y entre un nombre entier de lunaisons (soit — avec une très grande approximation — *deux cent trente-cinq*). Il en résulte que, tous les dix-neuf ans, les phases de la lune reviennent aux mêmes dates (par rapport au mouvement de la Terre autour du Soleil). On conçoit l'importance d'une telle découverte qui a servi de fait à perfectionner le *calendrier* et qui, corrélativement, fut utilisée par la suite dans le *comput* ecclésiastique (1).

Cette période de dix-neuf années est devenue célèbre sous le nom de *cycle de Méton*. Elle se rattache à notre sujet. En effet, suivant la légende, c'est en 453 avant J.-C. qu'elle fut rendue publique, à l'occasion de Jeux Olympiques. Elle suscita un tel émerveillement que les Athéniens prirent la décision de faire graver en *lettres d'or* le cycle de Méton sur les colonnes d'un temple de Minerve. Le rang d'une année quelconque du cycle fut alors le *nombre d'or de l'année considérée*. Par la suite, la désignation de nombre d'or fut attribuée à la période de dix-neuf années elle-même.

Sauf indications particulières, nous n'en dirons pas davantage, dans la suite de cet ouvrage, sur le nombre d'or des astronomes.

II. — Le nombre d'or des mathématiciens : données essentielles

Il s'agit d'un nombre irrationnel dont la valeur exacte est égale à $1/2\left(1+\sqrt{5}\right)$. Dans la deuxième partie du présent ouvrage, nous nous étendrons sur les propriétés mathématiques variées du nombre en question.

(1) Voir à ce sujet Paul Couderc, *Le calendrier*, coll. « Que sais-je ? », Paris, Presses Universitaires de France.

Nous croyons toutefois opportun de présenter dès à présent — pour une meilleure compréhension des généralités qui vont suivre — quelques-unes des propriétés du nombre d'or, choisies parmi les plus parlantes ou « voyantes ». Soulignons que chacune de ces propriétés étant *spécifique*, peut servir de *définition.* C'est dire également qu'elles peuvent se déduire les unes des autres par des raisonnements rigoureux.

Précisons encore que, pour nous conformer à un usage récent, nous désignerons le nombre d'or par la lettre grecque Φ (phi) — allusion au célèbre sculpteur Phidias — et nous écrirons ainsi :

$$\Phi = \frac{1}{2}(1 + \sqrt{5}).$$

1. Division d'un segment de droite en moyenne et extrême raison. — Il s'agit d'un problème classique.

Considérons un segment de droite AB et proposons-nous de déterminer un point M, situé entre A et B, et tel que :

$$[1] \qquad \frac{AB}{AM} = \frac{AM}{MB},$$

relation que l'on transforme aisément, par un calcul élémentaire, en :

$$[2] \qquad \overline{AB}^2 = AM(AB + AM).$$

De cette dernière expression, on tire (fig. 1) une *construction* qui figurait « autrefois » dans les ouvrages scolaires de géométrie élémentaire.

Menons le segment de droite BC, perpendiculaire à AB et de longueur BC = AB. Traçons le cercle de diamètre BC et de centre O, ainsi que la droite passant par A et O, qui coupe le cercle

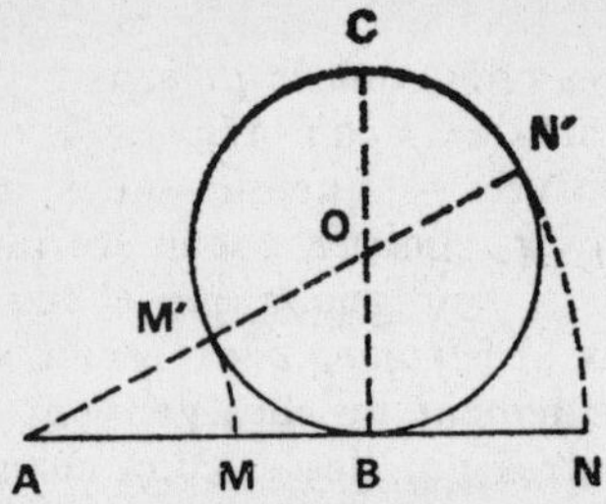

$$\begin{cases} \frac{AB}{AM} = \frac{AM}{MB} = \Phi \\ \frac{AN}{AB} = \frac{AB}{AM} = \frac{AB}{BN} = \Phi \end{cases}$$

Fig. 1

en question aux points M′ et N′. On sait que :

$$\overline{AB}^2 = AM' \times AN' = AM'(AM' + M'N')$$

ou encore, puisque $M'N' = BC = AB$:

$$\overline{AB}^2 = AM'(AB + AM').$$

Si l'on rapproche cette dernière expression de l'expression [2], on en déduit que : AM = AM′.

Pour obtenir le point M cherché, il suffit de porter sur AB, à partir de A, une longueur égale à AM′. Le point M se trouve parfaitement défini par *le rapport* AB/AM et le calcul (p. 12) montre que *ce rapport n'est autre que le nombre d'or*.

Reportons à partir de A, sur le segment AB et son prolongement vers la droite, une longueur AN égale à AN′. On vérifie aisément que :

$$\frac{AB}{AM} = \frac{AB}{BN} = \Phi.$$

En langage ordinaire, cela veut dire que le point B divise le segment AN en moyenne et extrême raison (de même que M divise le segment AB en moyenne et extrême raison).

Insistons sur la *double propriété* remarquable de la division représentée par le nombre Φ, telle qu'elle ressort des relations entre les trois segments AB, AM et MB :

1° AB = AM + MB.

L'un des segments est la *somme* des deux autres.

2° La condition [1] s'écrit également :

$$\overline{AM}^2 = AB \times MB.$$

La longueur de l'un des segments est la *moyenne géométrique* des longueurs des deux autres.

Cette double propriété est spécifique du nombre d'or.

Remarquons encore que les *quatre* segments MB, AM, AB et AN, pris dans cet ordre, ont des longueurs qui forment une *progression géométrique croissante de raison égale à* Φ.

2. Décagones et pentagones réguliers. — Nous procéderons dans la deuxième partie — chapitre Ier — à une étude détaillée des polygones considérés. Bornons-nous dans l'immédiat à indiquer comment leurs structures respectives sont « commandées » par le nombre d'or.

La figure 2 représente un *décagone régulier convexe* (de côté AB) et un *décagone régulier étoilé* (de côté AC) inscrits dans le même cercle de centre O.

Fig. 2

$$\frac{AC}{OA} = \frac{OA}{AB} = \Phi$$

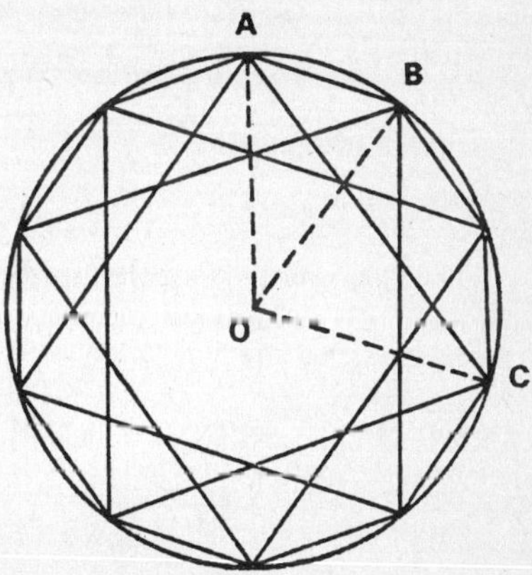

On démontre (p. 83) que :

$$\frac{AC}{OA} = \frac{OA}{AB} = \Phi.$$

En langage ordinaire, on dira que le nombre d'or est le rapport du côté du décagone étoilé au rayon du cercle circonscrit, ou encore le rapport du rayon du cercle au côté du décagone convexe inscrit.

Quant à la figure 3, elle représente un *pentagone régulier convexe* (de côté AB) et un *pentagone régulier étoilé* (de côté AC) inscrits dans le même cercle.

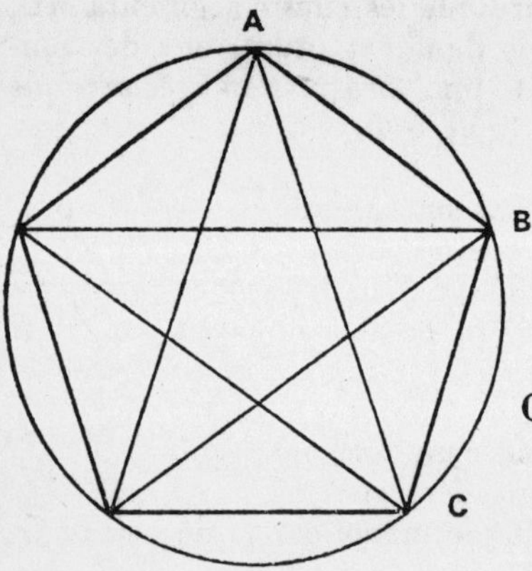

Fig. 3

$$\frac{AC}{AB} = \Phi$$

On démontre (p. 38) que :

$$\frac{AC}{AB} = \Phi,$$

c'est-à-dire que le rapport du côté du pentagone étoilé (ou de la diagonale du pentagone convexe) au côté du pentagone convexe, est égal au nombre d'or.

3. Equation donnant le nombre d'or. — Le nombre d'or Φ se calcule aisément à partir de l'expression [2].

Posons : $AB = a \qquad AM = \frac{a}{\Phi}.$

D'où : $$a^2 = \frac{a}{\Phi}\left(a + \frac{a}{\Phi}\right)$$

et, a s'éliminant du calcul :

[3] $$\Phi^2 - \Phi - 1 = 0.$$

Cette équation a deux racines de signes contraires.

Celle qui correspondant au point M — la racine positive — a pour valeur :

$$\frac{1 + \sqrt{5}}{2} = \Phi.$$

C'est la valeur indiquée précédemment.

La deuxième racine de [3] a pour valeur :

$$\frac{1 - \sqrt{5}}{2} = -\frac{1}{\Phi} = -\Phi^{-1}.$$

Cette racine correspond, au signe près, au point N de la figure 1, lorsqu'on le définit à partir du segment AB, puisque $AB/AN = \frac{1}{\Phi}$.

4. Valeurs numériques de Φ en écriture décimale. — En partant de l'expression rigoureuse :

$$\Phi = \frac{1}{2}(1 + \sqrt{5}),$$

on peut calculer des valeurs décimales de Φ plus ou moins approchées, commodes en pratique.

Les plus couramment utilisées sont les suivantes :

1,61803 (le chiffre 3 est exact à une unité près) ;

1,618 (valeur exacte à 1/50 000 près en valeur relative) ;

1,62 (valeur exacte à 1/800 près en valeur relative);

$1{,}6 = \frac{8}{5}$ (valeur exacte à 1/80 près en valeur relative, c'est-à-dire environ 1 %).

Chapitre II

APERÇU HISTORIQUE

Les différentes publications (livres ou articles) où il est question du nombre d'or, renferment, en ce qui concerne l'*histoire* de ce nombre, une foule d'indications sûres et précises, d'autres qui sont seulement probables. Il s'y trouve aussi parfois des hypothèses plus ou moins gratuites, lesquelles traduisent surtout les opinions personnelles de l'auteur. Une référence spéciale doit être faite à l'ouvrage de Paul-Henri Michel, *De Pythagore à Euclide*, où le lecteur pourra trouver, notamment à l'intérieur d'un chapitre intitulé « Le nombre d'or », une riche variété de faits dûment établis, analysés avec rigueur et objectivité.

On se bornera ci-après à un bref aperçu.

I. — Le nombre d'or avant les Grecs

On n'a aucune peine à admettre que la découverte *empirique* du nombre d'or remonte à l'antiquité la plus reculée, probablement aux époques préhistoriques, que la connaissance des propriétés de ce nombre, enrichie d'éléments nouveaux au cours des temps, n'a pas subi d'interruption jusqu'à notre époque.

Nos ancêtres ont certainement su de bonne heure tracer un cercle et le diviser en deux, trois, quatre, cinq... tronçons égaux, usant de procédés empiriques, quoique suffisamment précis eu égard à leurs problèmes pratiques.

En ce qui concerne la *division par cinq*, elle a pu leur être suggérée par la grande variété de fleurs à cinq pétales régulièrement répartis, que l'on rencontre dans la nature. Il n'est pas impossible d'autre part qu'ils aient attribué une importance privilégiée à cette division, ainsi d'ailleurs qu'à la division par dix, du fait que l'homme possède dix doigts répartis en deux mains de cinq doigts.

Ayant appris à diviser la circonférence de cercle en cinq ou dix arcs égaux, ils en vinrent tout naturellement à construire les pentagones et décagones réguliers, convexes ou étoilés. Dès lors, ils avaient sous les yeux le nombre d'or. A partir de cette donnée, on peut supposer qu'un certain nombre de propriétés géométriques du nombre d'or furent mises en évidence *expérimentalement*, bien avant que les Grecs n'aient conféré la rigueur mathématique à la notion *de nombre d'or*.

Ces considérations s'appuient sur de sérieuses *présomptions* (les preuves irréfutables, consistant en textes écrits traitant des propriétés du nombre d'or, n'apparaîtront qu'avec les Grecs). Les présomptions consistent en la présence *effective* du nombre d'or (ou plutôt de figures géométriques se rattachant au nombre d'or) dans des monuments ou œuvres d'art antérieurs à la civilisation hellénique (notamment de l'Egypte ancienne).

Une remarque s'impose : certaines de ces figures sont extrêmement voisines de figures où entrent d'autres nombres, tel le nombre π. La distinction, importante du point de vue mathématique et philosophique, paraît négligeable au regard de l'esthétique positive ou des applications pratiques.

II. — L'Antiquité gréco-romaine et le Moyen Age

Il appartenait aux Grecs de construire une science de la géométrie, au sens moderne du terme, c'est-à-dire un ensemble de propositions se déduisant les unes des autres, à partir d'axiomes (ou postulats) et de définitions.

Le couronnement de cette œuvre se trouve dans les *Eléments* d'Euclide, édifice rationnel qui a servi de support, jusqu'à nos jours, à l'enseignement des mathématiques (plus particulièrement de la *géométrie élémentaire*) et dont le fondement n'a pas été remis en cause (ce qui ne veut pas forcément dire détruit ou simplement ébranlé) avant le siècle dernier.

Certes, il y eut d'illustres mathématiciens avant Euclide, tels que Thalès, ou encore Pythagore (que l'on associe d'ailleurs au nombre d'or). Mais c'est à Euclide que l'on est redevable d'un véritable traité écrit.

Dans ce traité, le *nombre d'or* apparaît comme un *nombre irrationnel*, lié au problème classique de la division en moyenne et extrême raison, aux propriétés des décagones et pentagones réguliers, aux propriétés de deux polyèdres réguliers, le *dodécaèdre* dont les douze faces sont des pentagones réguliers convexes, et l'*icosaèdre*, dont les vingt faces sont des triangles équilatéraux. On peut dire que l'essentiel des propriétés géométriques du nombre d'or est contenu dans les *Eléments*, étant entendu que certains enrichissements y ont été apportés par la suite.

Il ne semble pas toutefois qu'Euclide porte un

intérêt privilégié au *nombre d'or*, non plus qu'aux figures géométriques liées à ce nombre. Il étudie les pentagones et décagones avec ni plus ni moins de soins et de scrupules que les triangles, quadrilatères et autres polygones.

Il ne prend pas la peine de désigner le nombre $1/2\,(1 + \sqrt{5})$ — en écriture moderne — par un nom particulier comme on l'a fait ultérieurement. Cette habitude s'est perpétuée jusqu'à nos jours dans l'enseignement élémentaire de la géométrie.

En somme, Euclide fait figure de savant positif, détaché de préoccupations mystiques.

Mais les mystiques existaient à son époque — comme ils existent à notre époque —, et ces derniers ont pu attacher leur faveur au *nombre d'or*, en raison de sa présence obsédante dans le pentagone étoilé, le *pentacle*, auquel les Grecs attribuaient une valeur symbolique.

La géométrie d'Euclide donna lieu à de nombreuses applications pratiques. Elle a permis de perfectionner l'usage du compas et de servir à des constructions géométriques (liées ou non au nombre d'or) qui suppléaient aux procédés de calcul, alors rudimentaires.

On peut affirmer que les architectes et techniciens de l'Antiquité gréco-romaine et du Moyen Age ont usé largement du compas et avec un rare bonheur.

Les techniques du compas ayant perdu une grande partie de leur importance pratique — en raison du développement prodigieux des procédés de calcul numérique —, il est fort probable qu'un grand nombre de recettes intéressantes ont été oubliées (d'autant que la plupart d'entre elles se transmettaient par tradition orale).

Dans le courant du Moyen Age, une place exceptionnelle doit être faite à Léonard de Pise, dit Fibonacci, qui naquit vers 1180, et fut l'un des plus grands, sinon le plus grand, parmi les mathématiciens de cette époque. Il n'est pas possible de s'étendre longuement ici sur la vie et l'œuvre de cet attachant personnage. Homme d'affaires international, il avait profité de ses voyages pour s'initier à la science du Moyen-Orient. On lui doit un important traité, le *Liber Abaci*, où il aborde toute une variété de problèmes théoriques et pratiques (c'est probablement à Fibonacci que l'on est redevable de l'introduction, si féconde en Europe, des chiffres arabes).

Dans une œuvre aussi riche, apparaît notamment une *série* ou suite de nombres, à laquelle la postérité a donné le nom de Fibonacci, et qui débouche sur le nombre d'or. Cette série fera l'objet ci-après d'une étude détaillée.

Il convient de noter que les *Eléments* d'Euclide avaient fait l'objet, dès le XIIIe siècle de notre ère, d'une large diffusion en Europe occidentale, grâce à une traduction en latin, à partir d'une version arabe, due au mathématicien Campanus de Novare. On cite couramment un court passage — *proportionem habentem medium duoque extrema* — figurant dans un commentaire à ladite traduction, qui mentionne explicitement ce que nous appelons « moyenne et extrême raison ».

III. — La Renaissance et Luca Pacioli

En 1509, le moine franciscain Luca Pacioli, mathématicien en renom, publie à Venise un ouvrage intitulé *Divina proportione*, qu'il avait écrit à la cour de Ludovic le More (la proportion dont il s'agit caractérise des rapports — au sens mathématique du terme — dont la valeur commune est le nombre d'or) (1).

Cet ouvrage, rédigé en toscan, eut le privilège d'être illustré par Léonard de Vinci (du moins, c'est ce que Luca Pacioli affirme avec insistance). Il eut immédiatement un énorme retentissement international. S'il subit, dans les siècles suivants, une période de « purgatoire », il est revenu à notre époque dans la pleine actualité. Il semble que ce soit le premier traité consacré pour une large part au nombre d'or, considéré dans ses propriétés mathématiques, ses attributs esthétiques, sans oublier certains aspects mystiques.

Le personnage lui-même est digne d'intérêt. Il naquit à Borgo San Sepolcro, en Toscane, dans la cité où vit également le jour son maître et ami, le peintre-mathématicien Piero della Francesca. Il compta dans ses relations des artistes doublés de savants, aussi illustres que Léonard de Vinci et Albert Dürer. Ce dernier lui rendit visite à Bologne pour s'initier — selon les propres termes de Dürer — à la « perspective secrète » (s'agissait-il du nombre d'or ou de toute autre chose ?).

Le musée de Naples possède un tableau célèbre, dû à Jacopo de' Barbari, qui représente le moine (de face), et l'un de ses amis, le duc Guidobaldo. Comme on peut s'y attendre, le nombre d'or affirme sa présence dans le tableau en question. C'est ainsi notamment que l'extrémité du pouce gauche du moine divise la longueur suivant ce nombre. N'y a-t-il pas là un jeu malicieux qui

(1) Notre bibliothèque Mazarine possède un exemplaire dudit ouvrage.

pourrait justifier le vague sourire des deux personnages ? Un dodécaèdre pentagonal est disposé sur le meuble contre lequel ils se tiennent, etc.

IV. — De la Renaissance à l'époque contemporaine

Depuis un siècle, le nombre d'or a suscité de nombreuses recherches d'ordre essentiellement psychologique et esthétique. L'origine de ce renouveau se trouve probablement dans les travaux de certains théoriciens allemands, ayant entraîné l'intérêt, *affirmé explicitement*, de certains artistes notoires, tels le peintre Serusier et l'architecte Le Corbusier (auteur d'un ouvrage intitulé *Modulor*).

Ces recherches ont touché en France un important public grâce à la publication de différents ouvrages (le lecteur voudra bien se reporter, à cet égard, aux indications — non exhaustives — figurant dans la bibliographie sommaire).

Ce qui précède ne signifie nullement que le nombre d'or ait été ignoré ou négligé pendant l' « interrègne » entre la Renaissance et l'époque contemporaine. Tout porte à croire (si l'on s'en rapporte à l'analyse de différentes œuvres de peinture, gravure, dessin ou architecture) que certains artistes en ont usé systématiquement, soit directement à partir des propriétés de la divine proportion, soit indirectement par les figures géométriques associées au nombre d'or (pentagones, décagones, etc.)

V. — Désignations en usage

Il ressort de ce bref aperçu, forcément très incomplet, que l'étude historique du nombre d'or en est encore à ses débuts, qu'elle présente de multiples aspects incertains ou inconnus et qu'en conséquence, elle peut attirer de nombreux curieux et chercheurs (lesquels y trouveront l'occasion de bien des satisfactions de toute espèce).

Il est en particulier une question que l'on peut se poser et à laquelle — jusqu'à présent — il ne semble pas qu'une réponse satisfaisante ait été fournie : depuis quand emploie-t-on l'expression de *nombre d'or* ?

On croit savoir que les Grecs n'avaient pas de désignation particulière pour le nombre en question (pas plus qu'ils n'en avaient pour d'autres nombres irrationnels, tels que $\sqrt{2}$, $\sqrt{3}$, etc.).

Le terme de *divine proportion* est employé par Luca Pacioli. Peu après, l'astronome Képler qualifie la *sectio divina* de « joyau de la géométrie », caractère qui paraît pleinement justifié.

Léonard de Vinci utilise l'expression de *sectia aurea* (section dorée ou section d'or). L'expression « nombre d'or » — pour désigner le nombre des mathématiciens — serait entrée dans l'usage à l'époque contemporaine. Si l'on s'en rapporte au *Larousse*, elle tend à faire oublier l'autre acception, celle des astronomes.

Chapitre III

MYSTIQUE ET SYMBOLIQUE

Ce titre recouvre un terrain particulièrement mouvant. Première constatation : peu de nombres — le nombre d'or est peut-être, à notre époque, la plus remarquable exception — sont encore capables d'éveiller et de satisfaire le besoin de *mystère* (d'ordre métaphysique, esthétique, etc.) qui habite en chacun de nous. Que l'on déplore cette situation ou que l'on s'en réjouisse, on se trouve en présence d'un fait dont nous allons tenter l'analyse.

Les difficultés d'une telle analyse apparaissent immédiatement.

L'une des difficultés provient de ce que les auteurs qui, depuis un lointain passé, ont écrit « autour du nombre d'or », sont rarement rompus aux disciplines des sciences positives : d'où le goût et l'usage de termes vagues et ambigus, propres à créer et à entretenir un état dans lequel tant d'esprits se complaisent et trouvent même parfois leur raison d'être. En outre, la plupart de ces auteurs sont « engagés ». Enfin, le mystère réside non seulement dans tel mode d'expression, mais souvent dans un parti pris de *secret*. Le secret le plus absolu était ainsi exigé à l'intérieur de la secte extrêmement fermée qui réunissait Pythagore et ses disciples (secret qui ne pouvait être violé sans que le coupable encourût les plus terribles châtiments humains et divins). Les membres de la secte considéraient les caractères de certains nombres et de certaines figures géométriques comme leur bien propre, pourrait-on dire. C'est en quelque sorte par des fuites qu'une partie de leurs secrets sont parvenus explicitement jusqu'à nous.

Faisant une large part à l'incertitude, nous essaierons de présenter l'essentiel de certaines conceptions auxquelles se rattache le nombre d'or, telles qu'elles se sont peu à peu révélées. Elles contribuent à nous éclairer sur l'évolution de l'esprit humain et, à cet égard, elles gardent un intérêt capital. Il n'est pas douteux qu'elles ont, dans le passé, orienté et stimulé de multiples recherches (elles en demeurent encore capables dans le présent). Enfin, dans le domaine de l'art, il suffit que les artistes ou ceux qui les guident y aient adhéré ou y adhèrent encore — que ce soit d'ailleurs à tort ou à raison — pour que les œuvres en aient porté ou en portent la marque.

I. — L'harmonie des nombres et l'irrationnel Le pentacle

Suivant les pythagoriciens, l'harmonie de l'Univers était une *harmonie de nombres*. En raison de leur caractère empreint d'une métaphysique incertaine et incontrôlable, la science moderne a rejeté ces conceptions, tout en ne méconnaissant pas l'existence de certains nombres d'une valeur explicative fondamentale, que les recherches positives ont mis et mettent en évidence.

Cependant, lesdites conceptions, pour naïves qu'elles puissent paraître à certains esprits, ont conduit Pythagore et ses disciples à des découvertes capitales dans le domaine des mathématiques, notamment à la découverte des *nombres irrationnels.* Les historiens des sciences s'appuient sur des textes authentiques pour établir que la révélation de l'irrationnel fut l'origine d'un véritable bouleversement mystique, et du respect mêlé de crainte dont on entoura longtemps les nombres irrationnels, nombres inquiétants en ce qu'ils échappaient, du moins le croyait-on, à la rectitude des raisonnements habituels.

Parmi les nombres irrationnels, le nombre d'or tient une place privilégiée, en ce qu'il est constamment présent dans la géométrie des décagones et pentagones réguliers, polygones comportant respectivement dix et cinq côtés.

Il convient d'insister à ce propos sur la valeur que les Anciens attribuaient aux nombres dix et cinq. Ils avaient notamment été frappés par le fait que le nombre dix est la somme des quatre premiers nombres entiers, soit :

$$1 + 2 + 3 + 4 = 10.$$

Ainsi s'établit une relation arithmétique entre la *Tétractys* (suite des quatre premiers nombres entiers) et la *Décade*. Or, les pythagoriciens attachaient une telle importance à la Tétractys qu'elle est mentionnée *explicitement* dans la formule du serment sacré par lequel les membres de la secte s'engageaient au secret.

Quant à la Décade, elle fut le nombre symbolisant l'Univers, privilège auquel se trouvait associée sa moitié, à savoir la *Pentade* (1).

(1) Il nous est impossible de nous étendre davantage sur la Tétractys, la Décade et la Pentade. Le lecteur pourra se reporter à ce sujet aux développements importants (comportant notamment de nombreuses références et aussi des interprétations plus ou moins convaincantes) contenus dans les ouvrages de Matila C. GHYKA cités en bibliographie.

De la Pentade, on passe tout naturellement aux pentagones, dont la construction géométrique avec utilisation du compas (où *le nombre d'or joue le rôle d'intermédiaire indispensable*) est suffisamment astucieuse pour motiver le secret dont elle fut parfois entourée. En conséquence, il est fort probable que ce qu'on pourrait appeler la mystique propre au nombre d'or, s'est trouvée en étroite corrélation avec la mystique propre aux nombres dix et cinq, au point que l'on pourrait être tenté de les confondre.

Considérons plus particulièrement le pentagone étoilé, autrement dit le *pentacle* (on le désigne aussi par les termes de *pentalpha* et de *pentagramme*). C'était, selon les Anciens, un symbole universel de perfection, symbole de vie, de beauté et d'amour, etc. On pense qu'il fut d'autre part, dans ces conditions, un signe de ralliement pour les pythagoriciens. C'est pourquoi on ne saurait s'étonner que les artistes aient pris plus ou moins consciemment la précaution d'introduire dans leurs créations — non seulement dans un but esthétique, mais dans une intention *propitiatoire* — des structures pentagonales ou liées aux pentagones. L'analyse des œuvres d'art révèle de nombreux exemples de cette présence effective.

Le pentacle proprement dit se trouve gravé sur certaines monnaies antiques. On peut l'observer parfois dans les roses de certaines cathédrales ou églises gothiques (par exemple, à la rose « Nord » de l'église Saint-Ouen de Rouen, à la rose « Nord » de la cathédrale d'Amiens, à la rose de l'église Saint-Rémi de Troyes, etc.). Il figure, de nos jours, dans les armes de certains états, dans les insignes de certaines sectes, etc. A noter que deux dispositions se rencontrent : tantôt le sommet situé sur l'axe vertical de la figure est en haut (pointe dirigée vers le haut), tantôt — comme à la cathédrale d'Amiens — la pointe est dirigée vers le bas.

D'une façon générale, on s'accorde pour louer la beauté du pentacle. « Il est intéressant de signaler que la beauté de cette configuration étoilée apparaît à première vue », écrit l'architecte-esthéticien Umbdenstock. En ce qui concerne le pentagone convexe, les jugements sont partagés, parfois discordants. Un autre architecte-esthéticien, M. Borissavliévitch, le qualifie de « polygone régulier et lourd qui n'a absolument rien à voir avec la proportion et l'harmonie architecturale ».

II. — La divine proportion

Il nous faut maintenant revenir sur le traité de Luca Pacioli, *Divina proportione*, au sujet duquel quelques indications ont été données dans l'*Aperçu historique*. Sans entrer dans tous les détails, on y relève quelques traits qui paraissent significatifs de la pensée et des intentions du franciscain.

On note en premier lieu que Luca Pacioli n'affiche pas la prétention d'innover, mais bien plutôt d'exposer un ensemble de connaissances datant de Pythagore et transmises (avec des apports enrichissants) par traditions écrites et surtout orales jusqu'à l'époque de la Renaissance. A cet égard, Luca Pacioli a, semble-t-il, pleine conscience de dévoiler une science très secrète *(secretissima scientia)*.

Il insiste d'autre part sur la variété et l'étendue des domaines que recouvre cette science, fondée sur la *Divine proportion*, c'est-à-dire le nombre d'or. Il en donne une énumération complète (que l'on peut juger plus ou moins fondée) où les arts occupent une large place sans que la philosophie et les mathématiques en soient négligées pour autant :

« Philosophia, Perspectiva, Pictura, Sculptura, Architectura, Musica e altre Mathematiche. »

Enfin, trait remarquable, il exalte la joie de la découverte, cette joie qu'a dû ressentir Pythagore — *Gran jubilo e summa letitia che have Pictagora quando con certa scientia...* —, cette délectation que pourront éprouver les esprits perspicaces et curieux *(perspicaci e curiosi)* auxquels sera révélée une doctrine — il s'agit de la *Divine proportion* — qu'il qualifie de « très suave, subtile et admirable » *(suavississima sottile e admirabile doctrina).*

Luca Pacioli s'explique en outre sur l'épithète de *divine.* Les raisons qu'il donne offrent une curieuse imbrication d'affirmations d'ordre métaphysique (par quoi, comme on l'a justement souligné, il reste encore tout près du Moyen Age) et de faits mathématiques incontestables (par quoi il annonce l'homme de sciences moderne).

La *Divine proportion* possède, selon Luca Pacioli, plusieurs des attributs de la Divinité.

Elle est unique comme Dieu.

Elle régit — tout comme la Sainte-Trinité — une relation entre trois termes et, comme Dieu, elle reste semblable à elle-même. On peut penser que Luca Pacioli fait ici référence à toute « trinité » de nombres dont le plus grand est la somme des deux autres et tels que le rapport du plus grand au moyen est égal au rapport du moyen au plus petit. La proportion est constituée par l'égalité des deux rapports en question, leur valeur commune étant le nombre d'or. Beaucoup d'artistes et esthéticiens voient, dans ce caractère essentiel, le fondement de la vertu esthétique du nombre d'or.

La proportion considérée, en tant que représentée par un *nombre irrationnel,* participe au caractère extra-humain — donc divin — qui entourait, selon

Pythagore et ses disciples, les nombres irrationnels. Le moine se rallie ainsi aux idées des pythagoriciens.

Dernier attribut divin : le nombre d'or est la clef de la construction géométrique des pentagones réguliers. Il est par suite relié au *dodécaèdre régulier*, ce polyèdre dont les douze faces sont des pentagones convexes, ce polyèdre auquel Platon assigne une place d'une extrême importance dans sa conception de l'Univers. Il n'est pas douteux que Luca Pacioli, en tant qu'humaniste, est imprégné des idées de Platon.

III. — Les cinq corps platoniciens

Corps cosmiques, corps pythagoriciens, corps platoniciens, ces différentes expressions désignent les *cinq polyèdres réguliers* dont la géométrie d'Euclide établit rigoureusement l'existence (il est *cinq* polyèdres réguliers et cinq seulement).

Les Grecs avaient d'autre part édifié une théorie de l'univers matériel qui eut, jusqu'à une époque relativement récente, une fortune surprenante : la *théorie des quatre éléments*. Cette théorie pose que notre univers est effectivement constitué par des combinaisons variées de quatre éléments fondamentaux : le feu, la terre, l'air et l'eau. Or, les Grecs crurent pouvoir associer aux quatre éléments les corps platoniciens (ou tout au moins quatre d'entre eux). Cette association — dont les modalités et justifications sont brillamment exposées par Platon, avec le concours d'un personnage de légende, *Timée* — fait correspondre au tétraèdre, au cube (ou hexaèdre), à l'octaèdre et à l'icosaèdre, respectivement le feu, la terre, l'air et l'eau. Quant au dodécaèdre, qui se trouve exclu des correspondances ci-dessus, Platon lui assigne une place encore plus importante : « C'est à l'Univers que Dieu en fit l'application, pour en établir le plan. »

On ne peut s'étonner qu'à l'époque de la Renaissance, où les idées de Platon, de mieux en mieux connues, devinrent à la mode, les corps platoniciens aient suscité l'intérêt des mathématiciens. C'est dans une telle ambiance que Piero della Francesca écrit son *De quinque corporibus regularibus*, dont a pu s'inspirer Luca Pacioli (déjà mentionné à propos du dodécaèdre).

Le cas de l'astronome Képler est particulièrement significatif. Il consacre de prodigieux efforts, mettant en jeu toute sa virtuosité de géomètre, à combiner les cinq polyèdres de façon à représenter les orbites respectives des différents astres du système solaire (précisons que, de cette tentative, il n'est rien sorti de scientifiquement valable).

Ces deux exemples, pris parmi d'autres, suggèrent une question : n'est-ce pas dans les conceptions de Platon sur les polyèdres réguliers qu'il faut voir l'origine des affirmations tendant à attribuer au nombre d'or un rôle capital dans les mécanismes naturels ?

C'est qu'en effet, deux de ces polyèdres sont reliés de façon « visible » au nombre d'or. On a déjà noté que les douze faces du *dodécaèdre* sont des pentagones réguliers convexes. Quant à l'*icosaèdre* — polyèdre dont les vingt faces sont des triangles équilatéraux —, ses trente arêtes peuvent être groupées cinq par cinq de douze façons différentes pour former également des pentagones réguliers convexes.

IV. — Le nombre d'or, phénomène humain

Ainsi donc, le nombre d'or n'est pas l'affaire des seuls mathématiciens, mais constitue un centre d'attraction pour d'autres catégories humaines.

1. Les mathématiciens devant le nombre d'or. — Il est curieux de constater que les mathématiciens, lorsqu'ils font allusion au nombre d'or, l'étudient rarement en tant que tel, dans leurs ouvrages d'enseignement et leurs traités.

Quoiqu'ils n'en ignorent point les propriétés mathématiques, ils témoignent, pour la plupart, à l'égard de ce nombre, d'une indifférence qui, chez certains, tourne à une sorte d'hostilité : ces derniers estiment, suivant l'expression de l'un d'entre eux, que le nombre d'or est « trop célèbre », cette célébrité étant imméritée.

Ce comportement s'explique naturellement par le fait que les mathématiciens ont en premier lieu la charge d'assurer les fondements de l'énorme édifice mathématique, lequel s'élève et s'étend de jour en jour. D'autre part, ils sont harcelés par les physiciens, les chimistes, les biologistes, les psychologues, les économistes — dans un proche avenir, les esthéticiens — qui leur demandent des instruments intellectuels toujours plus efficaces, c'est-à-dire plus puissants, plus précis.

Dans ces conditions, s'ils consentent parfois à étudier des nombres *particuliers*, il s'agira de nombres d'une portée universelle, incomparablement plus grande que celle du nombre d'or, tels que le nombre π, auquel on associe le nom d'Archimède (valeur approchée : 3,1416) ou encore le nombre e, base des logarithmes népériens (valeur approchée : 2,718).

Toutefois, il existe de rares mathématiciens, certains éminents, qui ont « mordu » au nombre d'or. On peut penser que c'est en raison de l'aspect *esthétique* — il s'agit d'une esthétique de l'esprit — que présente l'ensemble des propriétés du nombre d'or. Ces propriétés sont nombreuses et variées et presque toujours d'une élégante simplicité encore que beaucoup d'autres nombres possèdent des propriétés analogues.

Un autre élément de l'attrait du nombre d'or est qu'il se prête à merveille aux exercices des virtuoses du compas (ce n'est pas le cas des nombres π et e, qui échappent entièrement aux jeux du compas en raison de leur caractère transcendant et, de ce fait, paraissent beaucoup plus abstraits). A partir du nombre d'or, il est possible de créer une variété infinie de formes et figures géométriques, qui séduisent non seulement l'esprit, mais encore le sens de la vue (à l'esthétique de l'esprit, vient s'ajouter une esthétique purement visuelle, en liaison directe avec l'instinct).

2. **Croyants, curieux, chercheurs.** — En fait, c'est dans les milieux de littérateurs, de poètes et d'artistes que l'on rencontre, et de beaucoup, le plus d'adeptes du nombre d'or.

a) Quand on pénètre quelque peu dans ces milieux, on s'aperçoit, non sans étonnement, que beaucoup de ceux qui parlent du nombre d'or et qui y croient n'ont que des notions rudimentaires (voire rigoureusement nulles) sur les caractères mathématiques de ce nombre, et encore moins, si possible, sur la signification concrète de ces caractères. La croyance ne s'en trouve pas gênée ou diminuée. Il arrive même qu'elle se fasse d'autant plus forte que la connaissance est plus réduite (la foi se complaît souvent dans le mystère).

Pour illustrer cette manière d'être, nous livrerons ci-après quelques extraits significatifs d'une lettre que nous écrivait un poète de nos amis :

« ... les poètes et les peintres bâtissent leurs œuvres sans se douter souvent qu'ils participent du nombre d'or. Les poètes, à mon avis, ont plutôt l'intuition de ce nombre énigmatique qui concourt à l'harmonie et devient même l'harmonie... ».

Dans cette même lettre, il est fait allusion à « ... Rembrandt qui certainement ne s'est pas donné pour but d'illustrer le nombre d'or, mais l'a pourtant atteint dans quelques-uns de ses tableaux, car il y a, dans ceux-ci, une harmonie que l'on ne saurait dépasser... ».

Et enfin Beethoven :

« ... dans ses quatuors et ses sonates, il a été à mon avis en plein nombre d'or, et probablement sans s'en rendre compte. ».

Si l'on se refère aux citations qui précèdent, l'expression « nombre d'or », séduisante à coup sûr pour un poète, prend à peu près la signification du vocable « harmonie », avec tout ce que ce vocable renferme de vague, de variable et même de contradictoire.

Lesdites citations expriment d'autre part la conviction que le nombre d'or *opère en dehors de toute intervention consciente de l'artiste*, et confère la beauté comme par l'effet d'une baguette magique. Telle n'est pas l'opinion de bien des artistes et esthéticiens. Mentionnons toutefois un curieux témoignage : ce grand artiste, qui affichait publiquement son ignorance au sujet du nombre d'or et son scepticisme quant à l'utilisation de ce nombre par les artistes du passé comme du présent, aurait été heureux — nous déclara-t-il un jour — que l'on découvrît le nombre d'or dans ses œuvres tant gravées que peintes.

b) Mais il est d'autres croyants — artistes, esthéticiens, d'une façon générale, hommes cultivés — qui possèdent une connaissance réelle (d'ailleurs très variable en étendue et en profondeur) des propriétés mathématiques du nombre d'or. Toutefois, il convient de distinguer.

Pour certains, le nombre d'or régit plus ou moins directement, plus ou moins complètement, les *phénomènes naturels.*

Pour d'autres, le nombre d'or a surtout une *fonction esthétique.* Et sur ce point, il faut encore séparer ceux pour lesquels le nombre d'or crée la beauté par sa *seule présence*, qu'elle soit obtenue inconsciemment ou voulue consciemment, et ceux qui considèrent simplement le nombre d'or comme un *instrument* précieux dont il appartient à l'artiste de faire un usage judicieux (en concurrence ou non avec d'autres instruments du même genre).

Enfin, se détachant des croyants des diverses catégories, on rencontre aussi des esprits simplement curieux : ils cherchent à y voir clair dans un « procès » qui fait beaucoup de bruit et trouvent dans leurs recherches à la fois des motifs de délectation et de déception.

c) Ainsi l'intérêt que l'on porte au nombre d'or présente souvent un caractère religieux. Le nombre d'or a ses dévots et cette dévotion peut se manifester sous des formes très diverses, depuis la contemplation extatique jusqu'au fanatisme et même jusqu'à la violence (elle demeure heureusement verbale).

Cet état de choses entraîne de sérieuses difficultés pour celui qui souhaite s'initier sincèrement, sans parti pris préalable, au phénomène « nombre d'or ».

La plupart des ouvrages qui sont écrits sur ce thème — ouvrages d'ailleurs riches de faits, d'aperçus ingénieux et attrayants et souvent même de poésie sous-jacente — mélangent, sans qu'il soit aisé d'opérer les discernements souhaitables, des certitudes réelles (surtout dans le domaine mathématique), des affirmations dont on ne sait s'il s'agit de simples hypothèses ou de réalités authentiques (aucun moyen de contrôle n'est alors offert au lecteur), des considérations trop vagues pour que le lecteur puisse découvrir si elles s'appliquent exclusivement au domaine du nombre d'or ou à des domaines plus vastes, des propos étrangers au nombre d'or, etc. La lecture de tels ouvrages est, surtout pour les esprits formés aux disciplines scientifiques, à la fois attachante et irritante. Elle donne fréquemment l'impression de problèmes mal posés et laisse constamment subsister des doutes quant aux faits avancés. En revanche, elle pique constamment la curiosité du chercheur.

DEUXIÈME PARTIE

LE NOMBRE D'OR
ÊTRE MATHÉMATIQUE

Dans cette deuxième partie, nous présenterons quelques structures *géométriques, arithmétiques et algébriques* — parmi une *grande variété d'autres structures possibles* — liées au nombre d'or.

Chapitre Premier

GÉOMÉTRIE DU NOMBRE D'OR

I. — Décagones et pentagones réguliers

L'étude systématique des polygones considérés figurait naguère dans les ouvrages scolaires de géométrie élémentaire. Elle n'est aujourd'hui abordée qu'à l'occasion d'exercices. C'est pourquoi il paraît nécessaire d'exposer ici l'essentiel des propriétés desdits polygones. Nous renoncerons toutefois, faute de place, à analyser en détail les structures de ces polygones, telles qu'elles ressortent des figures 2 et 3 (p. 11 et 12). Une telle analyse ferait apparaître une profusion de segments de droite divisés en moyenne et extrême raison, ainsi que la présence, à de nombreux exemplaires, des triangles isocèles et rectangles que nous associerons ci-après aux décagones et pentagones réguliers.

1. Présence du nombre d'or. — Sur le cercle de diamètre AA′ (fig. 4), portons les points B et C définis respectivement par :

$\widehat{AOB} = 36°$

$\widehat{AOC} = 108°$

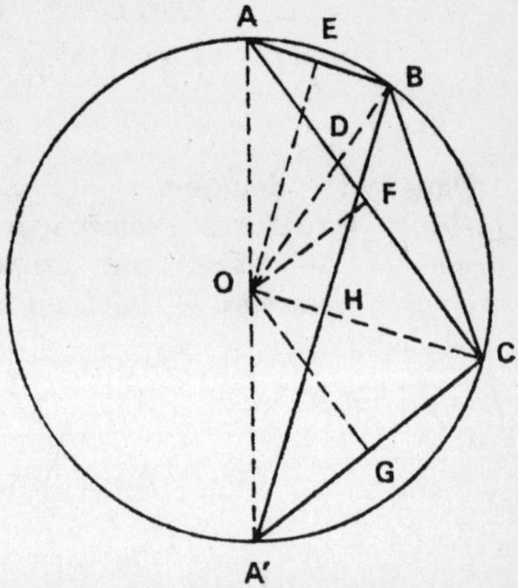

Fig. 4

AB et AC donnent respectivement le côté du *décagone régulier convexe* et le côté du *décagone régulier étoilé* inscrits dans le cercle considéré.

D'autre part :

$$\widehat{A'OC} = 72° = \widehat{BOC}$$
$$\widehat{A'OB} = 144°$$

Il en résulte que A′C (ou BC) et A′B donnent respectivement le côté du *pentagone régulier convexe* et le côté du *pentagone régulier étoilé.*

Les quatre angles caractérisés ci-dessus sont des multiples entiers de l'*angle de 18°*, lequel peut être considéré comme un *module*, dans tout ce qui touche à la géométrie des décagones et pentagones réguliers.

L'examen de la figure 4 met enfin en évidence

des relations très simples entre les *côtés et apothèmes* des quatre polygones, à savoir :

— l'apothème du décagone convexe (soit OE) est la moitié du côté du pentagone étoilé (soit A'B);
— l'apothème du décagone étoilé (soit OF) est la moitié du côté du pentagone convexe (soit A'C) ;
— l'apothème du pentagone convexe (soit OG) est la moitié du côté du décagone étoilé (soit AC) ;
— l'apothème du pentagone étoilé (soit OH) est la moitié du côté du décagone convexe (soit AB).

A) *Décagones.* — Le triangle OAB de la figure 4 est isocèle, avec :

$$\widehat{AOB} = 36^{o}, \quad \widehat{OAB} = \widehat{OBA} = 72^{o}.$$

D'autre part, la droite AC — qui coupe OB en D — est bissectrice de l'angle OAB.

On en déduit facilement :

— que le triangle ADO est isocèle (sommet en D) ;
— que le triangle DAB est isocèle (sommet en A).

Par suite :

$$AB = AD = OD.$$

D'autre part (théorème classique de la bissectrice) :

$$\frac{DO}{DB} = \frac{AO}{AB},$$

ce qui conduit, compte tenu des égalités qui précèdent, à :

$$\frac{OB}{OD} = \frac{OD}{DB}.$$

Cette dernière relation est rigoureusement identique — à condition de changer les lettres servant à désigner les différents points des figures — à la relation [1], qui nous a servi précédemment à énoncer le problème de la division d'un segment de droite en moyenne et extrême raison (p. 9).

En conséquence :

$$OB/OD = \Phi$$

ou encore :

$$OA/AB = \Phi.$$

En langage ordinaire, cela signifie que le *rapport du rayon du cercle au côté du décagone convexe inscrit est égal au nombre d'or* (propriété spécifique du nombre d'or).

On remarque enfin aisément que les deux triangles isocèles ADO (sommet D) et AOC (sommet O) sont semblables, d'où :

$$\frac{AC}{OA} = \frac{OA}{DA} = \Phi.$$

Le rapport du côté du décagone étoilé au rayon du cercle circonscrit est égal au nombre d'or.

B) *Pentagones.* — Les triangles isocèles BCA' (sommet en C) et ADO (sommet en D) sont semblables, l'angle à la base étant, dans les deux cas, égal à 36°.

On en tire :

$$\frac{A'B}{A'C} = \frac{OA}{OD} = \Phi.$$

Le rapport du côté du pentagone étoilé au côté du pentagone convexe est égal au nombre d'or.

2. Caractéristiques numériques. — Pour l'un ou l'autre des quatre polygones considérés, désignons par :

c le côté ;

a l'apothème ;

r le rayon du cercle circonscrit.

Chaque forme de polygone peut être caractérisée par la valeur correspondante du rapport c/r, ou encore (notamment en vue de certaines applications pratiques) par le rapport a/c.

TABLEAU I

Désignation des polygones réguliers	*Décagone convexe*	*Décagone étoilé*
c/r :		
Expression en fonction de Φ	$1/\Phi$	Φ
Expression trigonométrique.	2 sin 18°	2 sin 54°
Valeur numérique approchée	0,618	1,618
a/c :		
Expression en fonction de Φ	$\frac{1}{2}\sqrt{4\Phi + 3}$	$\frac{1}{2}\sqrt{7 - 4\Phi}$
Expression trigonométrique.	1/2 tg 72°	1/2 tg 36°
Valeur numérique approchée	1,539	0,363

Désignation des polygones réguliers	*Pentagone convexe*	*Pentagone étoilé*
c/r :		
Expression en fonction de Φ	$\sqrt{3 - \Phi}$	$\sqrt{\Phi + 2}$
Expression trigonométrique.	2 sin 36°	2 sin 72°
Valeur numérique approchée	1,176	1,902
a/c :		
Expression en fonction de Φ	$\frac{1}{2\sqrt{7 - 4\Phi}}$	$\frac{1}{2\sqrt{4\Phi + 3}}$
Expression trigonométrique.	1/2 tg 54°	1/2 tg 18°
Valeur numérique approchée	0,688	0,162

Le tableau I donne pour chacun des rapports c/r et a/c (nous ne donnerons pas, dans le cadre limité du présent ouvrage, le détail des calculs) :

— une expression en fonction de Φ, présentant essentiellement l'intérêt théorique de préciser la liaison de chaque polygone considéré avec le nombre d'or ;

— une expression, toujours simple, où figure le sinus ou la tangente d'un angle multiple de 18° ;
— une valeur décimale approchée.

3. **Triangles isocèles associés.** — La figure 4 fait apparaître quatre formes — ou quatre *types* — de *triangles isocèles*, correspondant respectivement à chacun des quatre polygones (la hauteur du triangle étant l'apothème, sa base étant le côté du polygone considéré), à savoir les formes (TI1), (TI2), (TI3) et (TI4) correspondant respectivement au décagone convexe, au décagone étoilé, au pentagone convexe et au pentagone étoilé.

Pour chacun de ces triangles, le rapport de la hauteur à la base — grandeur caractéristique — n'est autre que le rapport a/c figurant dans le tableau I.

Deux de ces formes, les formes (TI1) et (TI2), présentent des caractères grâce auxquels elles échappent au risque de banalité, ces caractères s'exprimant de façon simple et élégante. Il en est d'ailleurs ainsi de nombreuses figures géométriques associées au nombre d'or, ce qui explique qu'à certaines époques du passé, le nombre d'or ait pu faire les délices des géomètres.

A) *La forme (TI1).* — Elle est représentée, sur la figure 4, par le triangle AOB.

En sus de la définition ci-dessus, elle possède deux caractères spécifiques pouvant, l'un ou l'autre, servir également de définition :

— le rapport d'un côté latéral à la base est égal à Φ $\left(\frac{OA}{AB} = \frac{OB}{AB} = \Phi\right)$;
— l'angle au sommet ($\widehat{AOB} = 36°$) est égal à la *moitié* de l'angle à la base ($\widehat{OAB} = \widehat{OBA} = 72°$).

Il y a plus. La bissectrice AD de l'angle $\widehat{OAB}$ — qui divise OB suivant le rapport Φ — partage le triangle initial AOB en deux triangles isocèles :

— le triangle BAD, semblable au triangle initial (et d'ailleurs réduit dans le rapport Φ), donc de la forme (TI1) ;

— le triangle ADO, de la forme (TI2).

En sens inverse, si l'on juxtapose au triangle BAD, de forme (TI1), un triangle de forme (TI2), soit ADO, en sorte que deux côtés latéraux pris respectivement dans chacun des triangles, soit AD et DA, coïncident, on obtient un triangle de la forme (TI1), soit AOB.

Une remarque importante : les deux opérations *réciproques* ainsi définies peuvent, il est évident, être poursuivies indéfiniment à partir d'un triangle initial, aboutissant à une suite de triangles du type (TI1), où les longueurs homologues forment une progression géométrique croissante (de raison égale à Φ) ou décroissante (de raison égale à $1/\Phi$).

On convient d'exprimer les intéressantes propriétés précisées ci-dessus, en disant que la forme (TI2) est le *gnomon* de la forme (TI1).

B) *La forme (TI2).* — Représentée sur la figure 4 par le triangle AOC, elle possède des caractères spécifiques présentant une analogie étroite avec ceux de la forme (TI1). Ainsi :

— le rapport de la base à un côté latéral est égal à Φ $\left(\frac{AC}{OA} = \frac{AC}{OC} = \Phi\right)$;

— l'angle à la base ($\widehat{OAC} = \widehat{OCA} = 36^{o}$) est le *tiers* de l'angle au sommet ($\widehat{AOC} = 108^{o}$)

D'autre part, le triangle AOC est partagé par la droite OD — le point D divise CA suivant le rapport Φ — en deux triangles isocèles :

— le triangle ODA, semblable au triangle AOC et, par conséquent, du type (TI2) ;
— le triangle OCD, du type (TI1).

Il en résulte que la forme (TI1) est le gnomon de la forme (TI2), de même que la forme (TI2) est le gnomon de la forme (TI1). A cet égard, il existe une réciprocité frappante entre les deux formes.

4. Triangles rectangles associés. — Deux formes de *triangles rectangles* peuvent être définies et caractérisées à partir de la figure 4 :

— une forme (TR1), définie par un triangle rectangle dont le grand côté et le petit côté de l'angle droit sont respectivement le côté du pentagone étoilé (A'B sur la fig. 4) et le côté du décagone convexe (AB) ;
— une forme (TR2), définie par un triangle rectangle dont le grand côté et le petit côté de l'angle droit sont respectivement le côté du décagone étoilé (AC) et le côté du pentagone convexe (A'C).

A) *La forme (TR1).* — Elle est représentée sur la figure 4, non seulement par le triangle A'BA, qui répond littéralement à la définition précédente, mais aussi par le triangle OEA, qui se déduit du précédent par une homothétie de centre A et de rapport égal à 1/2.

La droite OB partage le triangle A'BA en deux triangles isocèles :

— le triangle AOB, du type (TI1) ;
— le triangle A'OB, du type (TI4).

D'une façon générale, tout triangle (TR1) peut être obtenu en juxtaposant un triangle (TI1) et un triangle (TI4).

Si l'on juxtapose d'autre part au triangle OEA le triangle OEB — également du type (TR1), mais « retourné » —, on obtient le triangle AOB, du type (TI1).

Ainsi donc, tout triangle (TI1) peut être obtenu par la juxtaposition de deux triangles (TR1), « orientés » en sens inverses l'un par rapport à l'autre.

B) *La forme (TR2)*. — Elle est représentée, sur la figure 4, par le triangle ACA′ et par le triangle OGA′, qui se déduit du premier par une homothétie de centre A′ et de rapport égal à 1/2.

En considérant successivement les triangles ACA′ et OGA′ et en raisonnant comme précédemment, on établit aisément que :

— tout triangle (TR2) — soit par exemple ACA′ — peut être obtenu en juxtaposant un triangle (TI2) — soit AOC — et un triangle (TI3) — soit A′OC;
— tout triangle (TI3) — soit A′OC — peut être obtenu par la juxtaposition de deux triangles (TR2) « orientés » en sens inverses l'un par rapport à l'autre — soit OGA′ et OGC.

5. **Construction pratique des pentagones.** — Le problème consiste :

— soit à construire un pentagone régulier (convexe ou étoilé) inscrit dans un cercle donné ;
— soit à construire un pentagone régulier dont on s'est donné la longueur du côté.

Les méthodes en usage (ou possibles) sont nombreuses et variées.

Rappelons sans insister que l'utilisation du *rap-*

porteur permet de partager une circonférence de cercle en cinq arcs égaux, dont les extrémités fournissent les sommets d'un pentagone régulier. L'emploi du rapporteur est commode et permet, dans bien des cas, des ajustements suffisamment précis.

Indiquons encore que les valeurs numériques de c/r, correspondant aux deux polygones, qui figurent au tableau I, permettent de calculer avec précision la grandeur c (lorsque r est donné) ou la grandeur r (lorsque c est donné). Leur emploi peut rendre des services. Il est à rapprocher de celui du *compas de proportion*, à condition évidemment que cet instrument soit réglé sur la proportion caractérisée par le nombre d'or.

Nous nous étendrons ci-après avec plus de détails sur des méthodes géométriques comportant l'utilisation du compas usuel.

A) *Le cercle circonscrit est donné.* — La construction indiquée ci-après comporte la division d'un segment de droite en moyenne et extrême raison (p. 9).

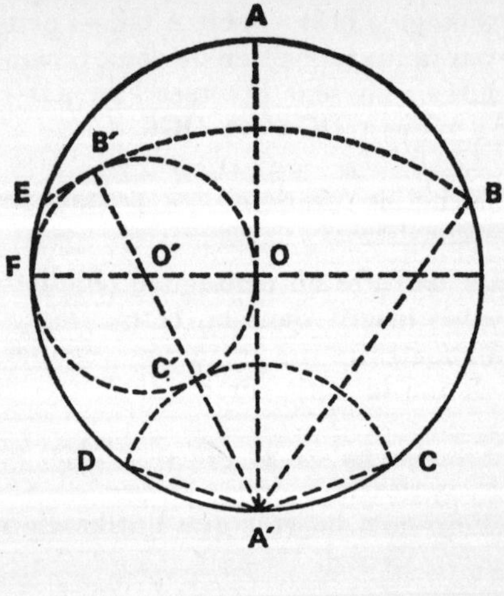

Fig. 5

Partant d'un cercle de centre O et de rayon OA (fig. 5), déterminons les *sommets du pentagone* (convexe ou étoilé) inscrit dans ce cercle, étant entendu d'autre part que le point A est l'un de ces sommets.

On construit le cercle de centre O', passant par O et tel que $OO' = OA/2$. Il est tangent au cercle donné en F. On trace la droite s'appuyant sur les points A' et O', qui coupe le petit cercle en C' et B'.

On sait que :

$$\frac{A'B'}{A'O} = \frac{A'O}{A'C} = \Phi.$$

A'B' et A'C' sont respectivement les longueurs des côtés du *décagone étoilé* et du *décagone convexe* inscrits dans le grand cercle.

D'autre part, ainsi qu'il résulte de raisonnements simples que suggère un rapprochement entre la figure 5 et la figure 4, les points B, C, D et E sont, avec le point A qui est donné, les sommets d'un pentagone (convexe ou étoilé).

B) *Le côté du pentagone est donné.* — Supposons, pour fixer les idées, qu'il s'agisse du *côté d'un pentagone convexe*. Le problème sera résolu lorsqu'on aura déterminé la *diagonale* (dont le rapport au côté est égal à Φ) dudit pentagone.

Pour obtenir la diagonale en question, on peut utiliser à nouveau la construction illustrée par la figure 5 : si A'O représente la longueur du côté, la longueur de la diagonale est en effet fournie par le segment A'B'.

La méthode serait analogue si l'on partait *du côté du pentagone étoilé.*

C) *Méthode dite d'Albert Dürer.* — On attribue le plus souvent la méthode indiquée ci-après à

Albert Dürer (sans que l'on puisse affirmer en toute certitude qu'il en soit l'auteur). Elle suppose, comme précédemment, que l'on se donne le *côté du pentagone convexe*, soit le segment de droite CD (fig. 6).

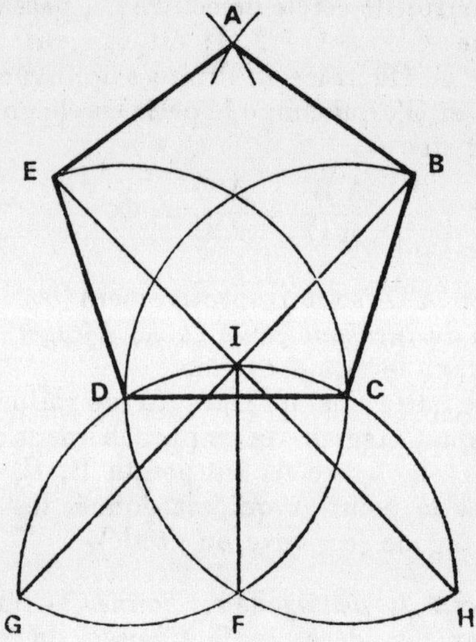

Fig. 6

Des points C et D pris comme centres respectifs, traçons deux cercles de rayon CD (ou DC). Ils se coupent en F.

De F comme centre, construisons le cercle qui passe par C et D. Il coupe les cercles précédents en G et H, et la médiatrice de CD en I.

Les droites GI et HJ prolongées rencontrent les cercles initiaux respectivement en B et en E.

B, C, D et E sont quatre sommets du pentagone cherché. Le cinquième sommet A s'en déduit aisément.

La construction est extrêmement élégante (elle

utilise une *unique ouverture de compas*). Elle conduit à un pentagone dont les côtés sont égaux. Mais les angles ?

Un calcul assez laborieux auquel nous nous sommes livré permet d'établir que l'angle DCB de la figure 6 n'est pas rigoureusement égal *en théorie* à 108° (angle caractéristique du pentagone régulier) mais qu'il excède cette valeur de 22 minutes sexagésimales environ.

Ainsi donc la méthode d'Albert Dürer n'est qu'une méthode approchée, quoique très approchée (on peut la considérer comme très précise, compte tenu des incertitudes du dessin géométrique).

6. **Le « nœud doré ».** — Considérons un pentagone convexe (fig. 7), soit ABCDE.

Il est possible de plier une bande de papier ayant des bords rectilignes et parallèles, en sorte que les

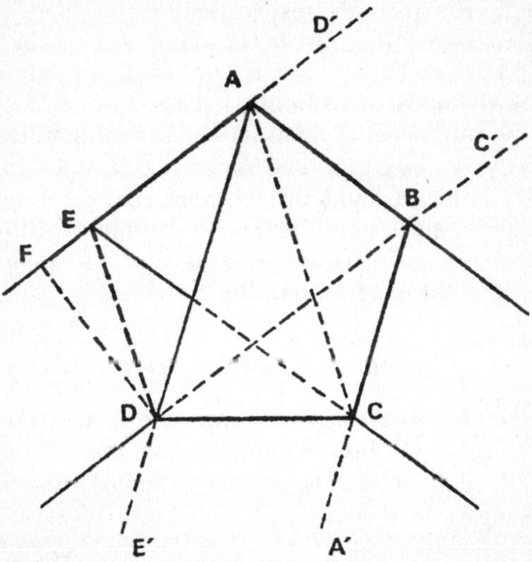

Fig. 7

bords et les plis viennent s'appliquer exactement sur les côtés ou diagonales du pentagone considéré.

Une condition préalable doit toutefois être remplie, ainsi qu'il ressort de la figure 7 : entre la largeur de la bande de papier, soit DF, et le côté du pentagone, soit DE, il doit exister la relation :

$$DF = DE \sin \widehat{FED} = DE \sin 72^{o}$$

ou, d'une façon très approchée :

$$DF = 0{,}951 \times DE.$$

Le mode opératoire suivant pourra être utilisé :

1° En partant de la gauche, la bande sera appliquée sur le trapèze EABD et au-delà (entre les parallèles AD′ et BC′) ;

2° Son extrémité de droite sera ensuite rabattue vers le bas et la gauche, par un pli situé en AB. La considération des angles montre que les bords de la feuille passent respectivement, lors de cette dernière opération, de la position AD′ à la position AD (prolongée en DE′) et de la position BC′ à la position BC (prolongée en CA′) ;

3° On répétera deux fois encore la même opération en formant deux plis successifs en CD, puis en EA.

Avec une certaine habileté manuelle, le jeu pourra être agrémenté en réalisant — comme l'indique la figure 7 — un véritable nœud plat. C'est un tel nœud qui est parfois qualifié de *doré*.

II. — Rectangles et triangles rectangles

Parmi les figures géométriques qui apparaissent le plus souvent dans les objets qui nous entourent et, si l'on s'attache plus particulièrement aux œuvres d'art, dans la structure des compositions, les *rectangles* occupent une place privilégiée (pour une large part, en raison des commodités qu'ils offrent aux dessinateurs comme aux constructeurs). Il est donc nécessaire que le présent ouvrage comporte une analyse des principales formes de rectangles susceptibles d'être associés au nombre d'or, étant précisé qu'il n'est pas possible de prétendre à un examen exhaustif (les rectangles, comme la plupart des figures géométriques, se prêtent en effet à des combinaisons d'une immense variété).

1. Considérations générales sur les formes des rectangles. — Une forme *quelconque* de rectangle peut être caractérisée par le rapport de la longueur du grand côté à la longueur du petit côté, rapport qui sera désigné dans ce qui suit par l'appellation de *coefficient de forme* et, symboliquement, par la lettre k. Suivant cette définition, *k est toujours supérieur à l'unité*, à moins que les deux côtés ne soient égaux (forme carrée), auquel cas on aurait : $k = 1$. Bien entendu, à une valeur donnée de k correspond une infinité de rectangles tous *semblables* entre eux.

Le rapport k n'est pas l'unique moyen dont on dispose pour caractériser une forme de façon commode. Un moyen souvent employé (parmi beaucoup d'autres) consiste à considérer l'angle que fait la diagonale du rectangle avec son petit côté (tel l'angle $\widehat{DBC}$ de la fig. 8), angle qui sera désigné par α. Entre k et α, il existe la relation $\operatorname{tg} \alpha = k$, relation qui permet de calculer α quand on connaît k et réciproquement.

En effectuant, à partir d'un rectangle donné (ou de plusieurs rectangles), diverses opérations conservant la forme « rectangle », on change en général la (ou les) valeurs de k. Illustrons cette remarque par un exemple.

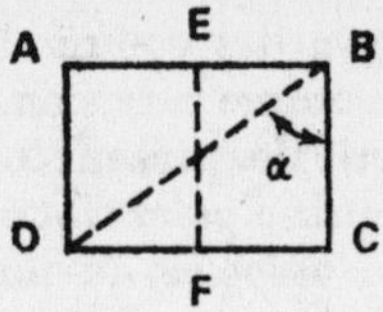

Fig. 8

Soit ABCD (fig. 8) un rectangle de forme quelconque, avec toutefois une restriction : *la valeur de* k *est comprise entre 1 et 2*. Joignons par la droite EF les milieux des grands côtés. On détermine ainsi deux rectangles égaux, AEFD et BEFC (dans ces rectangles, la direction des grands côtés est perpendiculaire à la direction des grands côtés dans le rectangle initial, ce qui est une conséquence de la condition restrictive imposée à k).

En posant $AB/AD = k_1$ (coefficient de forme du rectangle ABCD) et en désignant par k_2 le coefficient de forme du rectangle AEFD, soit :

$$DA/DF = k_2$$

on établit par un calcul simple :

$$k_2 = 2/k_1.$$

Supposons, pour fixer les idées, que:

$$k_1 = \Phi = 1{,}618...$$

Le calcul numérique conduit à $k_2 = 2/\Phi = 1{,}236...$

Une remarque encore : toute diagonale, telle que DB (fig. 8) partage un rectangle quelconque en deux *triangles rectangles*. Il arrive que la forme de rectangle considérée tire surtout son intérêt de la forme de triangle rectangle à laquelle elle est liée.

2. Survol des rectangles du nombre d'or. — Au travers d'une grande variété de formes susceptibles d'être reliées au nombre d'or, sur quelles formes privilégiées devons-nous porter notre choix ?

Les critères, d'ordre mathématique ou esthétique, auxquels nous nous sommes arrêté, seront définis ci-après. Afin de ne pas laisser échapper des formes intéressantes, nous n'avons pu nous satisfaire d'un critère unique.

Chaque forme sélectionnée sera repérée dans ce qui suit par une lettre majuscule placée entre parenthèses.

A) *Formes où le nombre d'or apparaît directement.* — Le tableau ci-après réunit des formes dans lesquelles le nombre d'or se manifeste de façon plus ou moins complexe, quoique toujours très apparente.

Chaque forme y est définie sans ambiguïté par un schéma que précise une (ou plusieurs) relation entre segments de droite inclus dans le schéma. Il est aisé d'en tirer une définition en langage ordinaire. Ainsi, la forme (C) peut être définie par le caractère suivant : le rapport de la longueur du segment de droite joignant un sommet quelconque au milieu du petit côté opposé, à la longueur du petit côté, est égal au nombre d'or.

Les formes (A), (B), (E) et (F) seront étudiées spécialement dans la suite du présent chapitre.

Quant aux formes (C) et (D), elles se rattachent respectivement aux formes (TI1) et (TI2) de triangles isocèles.

a) Le triangle BEC (fig. 9 *c*) est un triangle du type (TI1), « enchâssé » dans le rectangle ABCD, du type (C). D'une façon générale, on peut dire que tout rectangle (C) « enchâsse » un triangle (TI1) ;

b) De même, il ressort de la figure 9 *d* que tout rectangle (D) « enchâsse » un triangle du type (TI2).

Les formes (C) et (D) se rattachent en outre aux formes (H) et (G) de rectangles, définies et caractérisées ci-après.

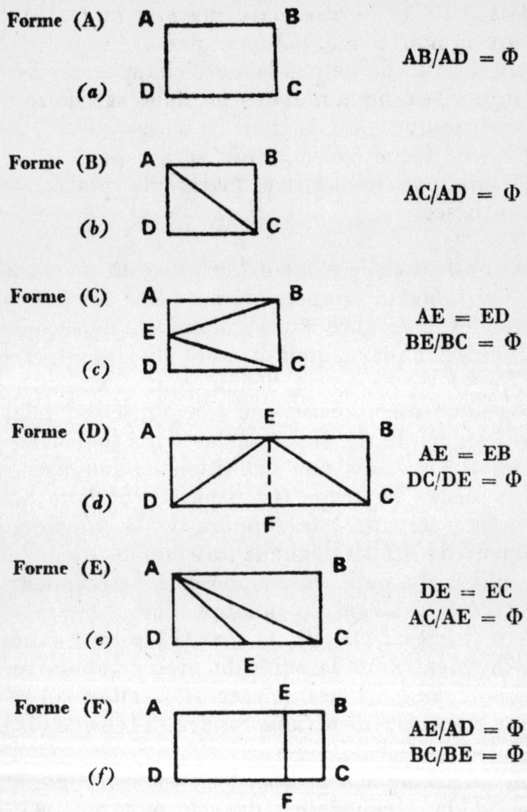

Fig. 9

B) *Formes liées aux pentagones et décagones réguliers.* — Sur la figure 10 apparaissent différents rectangles plus ou moins directement liés au nombre d'or.

On retrouve en premier lieu les formes (C) et (D) qui viennent d'être considérées.

La forme (C) est représentée par le grand rectangle GCDF et par les deux rectangles JEHK et JBIK.

La forme (D) est représentée par le rectangle LMBE, obtenu également par juxtaposition des deux rectangles ALEJ et AMBJ.

Apparaissent également d'autres formes, notamment :

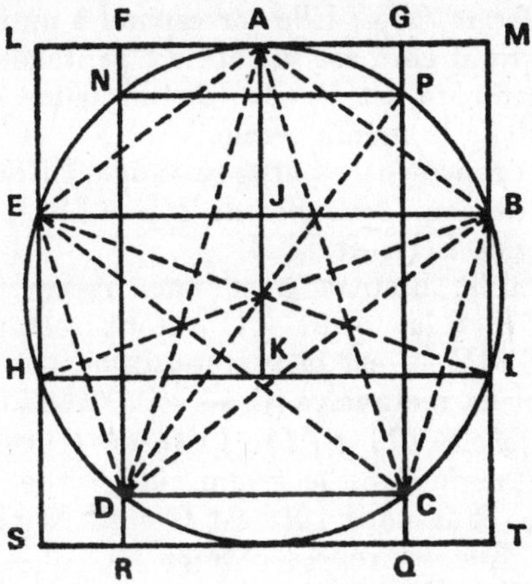

Fig. 10

a) *La forme (G) :* Elle correspond à un rectangle dont le grand côté est le côté du décagone étoilé, et le petit côté est le côté du pentagone convexe, inscrits dans le même cercle.

Elle est représentée par le grand rectangle PCDN, qui apparaît d'ailleurs comme la juxtaposition de deux triangles du type (TR2), à savoir les triangles PCD et DNP.

La forme (G) est en outre représentée par les rectangles ALEJ et AMBJ. On reconnaît en effet aisément que le rectangle AMBJ (par exemple) est semblable au rectangle PCDN (leurs grands côtés respectifs, leurs petits côtés et leurs diagonales — telles que AB et PD — sont perpendiculaires entre eux).

On établit ainsi une liaison entre la forme (D) — représentée par LMBE — et la forme (G) : tout rectangle (D) est la juxtaposition, par un petit côté commun, de deux rectangles (G).

b) *La forme (H) :* Elle correspond à un rectangle dont le grand côté est le côté du pentagone étoilé, et le petit côté est le côté du décagone convexe, inscrits dans le même cercle.

Elle est représentée par le rectangle EBIH, juxtaposition de deux triangles du type (TR1), à savoir les triangles EBH et IHB.

On établit d'autre part une liaison entre la forme (C) et la forme (H) : tout rectangle (H) — soit EBIH — est la juxtaposition, par un petit côté, de deux rectangles (C) — soit JEKH et JBIK.

c) *Les formes (I) et (J) :* La forme (I) correspond à un rectangle dont le grand côté est le diamètre du cercle, et le petit côté est le côté du pentagone convexe. Elle est représentée en GQRF.

La forme (J) correspond à un rectangle dont le grand côté est le diamètre du cercle, et le petit côté est le côté du pentagone étoilé. Elle est représentée en MTSL.

C) *Une forme « transcendante » : forme (K).* — Elle correspond à un rectangle qu'une diagonale partage en deux *triangles rectangles* possédant une propriété remarquable : *les mesures de leurs trois angles sont en progression géométrique.*

Nous avons rencontré personnellement ce type de triangle rectangle, au cours d'une investigation plus générale portant sur la classe des triangles dont les angles sont en progression géométrique. Dans un triangle quelconque appartenant à cette classe, les trois angles sont comme 1, q et q^2, q étant la raison de la progression (si l'on considère les angles en question dans l'ordre croissant, la raison est plus grande que l'unité, ce que l'on peut donc supposer).

Si, de plus, le *triangle est rectangle*, l'angle droit est le plus grand, et il est égal à la somme des deux autres, ce qui s'écrit :

$$q^2 = q + 1,$$

équation dont la racine positive n'est autre que le nombre Φ (p. 13).

La forme considérée de triangle rectangle est une forme à part : elle n'est pas susceptible d'une construction au compas.

3. La forme (A) ou rectangle « Φ » et la forme (F) ou rectangle « $\sqrt{5}$ ». — La forme (A) est celle d'un rectangle dont le rapport du grand côté au petit côté est égal au nombre d'or. On désigne fréquemment cette forme par un raccourci : *rectangle* « Φ ». Etant donné d'autre part le caractère particulièrement direct de la liaison de cette forme avec le nombre d'or, on la désigne également de façon courante par les expressions de *rectangle doré* ou de *rectangle d'or*.

Quant à la forme (F), elle résulte d'une combinaison de deux rectangles du type (A), ainsi qu'il apparaît sur la figure 9 *f*.

A) *Construction du rectangle* « Φ ». — Elle découle de l'une quelconque des constructions variées qui permettent d'obtenir le nombre d'or. On peut notamment utiliser la méthode décrite ci-dessus (p. 45) qui permet de diviser un segment de droite en moyenne et extrême raison, et obtenir ainsi deux longueurs qui sont entre elles comme le nombre Φ. Ces deux longueurs donnent donc les côtés d'un rectangle doré.

On peut également effectuer la construction suivante (fig. 11) qui part directement de l'expression numérique : $\Phi = \frac{1}{2} + \frac{\sqrt{5}}{2}$.

On se donne, au départ, le petit côté du rectangle, soit AB (dont la longueur peut être prise comme unité). Les étapes de la construction sont jalonnées et expliquées par les relations suivantes entre longueurs :

$$AB = 1,$$
$$AE = EF = FG = GH = 1/2,$$
$$EH = \sqrt{5}/2 = ED,$$
$$AD = \frac{1}{2} + \frac{\sqrt{5}}{2}.$$

Le rectangle AACD est le rectangle cherché.

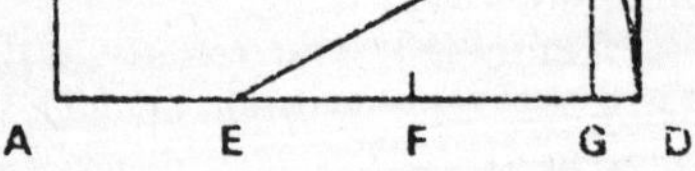

Fig. 11

B) *Le carré est le gnomon du rectangle* « Φ ». — Si l'on « ajoute » au rectangle ABCD (fig. 12) du type « Φ », un carré de côté BC, soit BB′C′C, on obtient un rectangle, soit AB′C′D, qui est éga-

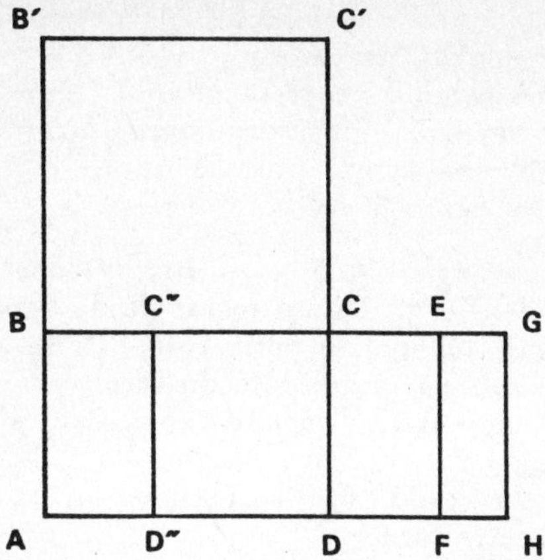

Fig. 12

lement du type « Φ » (mais dont les grands côtés sont « verticaux »). En effet, si l'on prend AB comme unité :

$$AB = 1 \; ; \quad AD = BB' = \Phi \; ; \quad AB' = \Phi + 1 \; ;$$

$$AB'/AD = (\Phi + 1)/\Phi = 1 + \frac{1}{\Phi},$$

et finalement, compte tenu de l'équation [3] dont le nombre d'or est la racine positive (p. 13) :

$$AB'/AD = \Phi.$$

Au lieu d'ajouter le carré BB'C'C au rectangle ABCD, on peut en retrancher le carré DD''C''C : le rectangle ABC''D'' est aussi du type « Φ ».

Le mécanisme qui vient d'être décrit peut évidemment se poursuivre à l'infini dans l'un ou l'autre sens, le sens croissant ou le sens « décroissant ». Il conduit à une suite de rectangles alternativement allongés horizontalement ou verticalement, dont les dimensions correspondantes constituent une progression géométrique de raison égale à Φ (ou $1/\Phi$). Quant aux sommets correspondants — tels que A, D, C'... — ils se placent sur une *spirale logarithmique.*

Il résulte de ce qui précède que *le carré est le gnomon du rectangle* « Φ ».

C) *Le rectangle* « $\sqrt{5}$ ». — Juxtaposons au rectangle ABCD (fig. 12), un rectangle du type « Φ », soit CEFD, tel que le petit côté CD du premier rectangle soit un grand côté du second.

Le rectangle ABEF répond exactement à la définition de la forme (F). Calculons la valeur de k (rapport du grand côté au petit côté), caractéristique de cette forme :

$$AB = 1\,; \quad AF = AD + DF = \Phi + \frac{1}{\Phi},$$

et l'on vérifie aisément que :

$$\Phi + \frac{1}{\Phi} = \sqrt{5}.$$

Donc $k = AF/AB = \sqrt{5}$.

Dans la suite, il nous arrivera d'utiliser, soit l'expression de rectangle (F), soit l'expression de rectangle « $\sqrt{5}$ » — plus parlante — pour désigner la forme considérée.

Le rectangle « $\sqrt{5}$ » se construit *directement* de façon *extrêmement simple* : la longueur « $\sqrt{5}$ » est en effet l'hypoténuse d'un triangle rectangle dont les côtés de l'angle droit ont respectivement leurs longueurs comme *un* et *deux*.

D) *Encore un autre rectangle.* — Le rectangle ABGH (fig. 12) est obtenu en ajoutant, au rectangle ABCD, le carré DCGH (opération « symétrique », tournée vers l'extérieur, de l'opération qui a conduit au rectangle ABC″D″).

Le rapport k, caractéristique du rectangle ABGH, a pour valeur : $\Phi + 1 = \Phi^2$. Il en résulte que ce rectangle se prête à une interprétation intéressante : ses côtés respectifs sont entre eux comme les côtés d'un décagone étoilé et d'un décagone convexe, inscrits dans le même cercle.

4. La forme (B) ou rectangle « $\sqrt{\Phi}$ ». — La forme (B) est celle d'un rectangle dont le rapport de la diagonale au petit côté est égal au nombre d'or (fig. 9 *b*). Une application immédiate du théorème de Pythagore montre que, s'il en est ainsi, le rapport du grand côté au petit côté — c'est-à-dire le coefficient k — est égal à $\sqrt{\Phi}$. De là, l'expression de *rectangle* « $\sqrt{\Phi}$ ».

A) *Construction du rectangle* « $\sqrt{\Phi}$ ». — Sa construction est immédiate dès que l'on sait calculer ou « construire » le nombre Φ.

On peut d'autre part utiliser une *coïncidence fortuite* d'une finesse remarquable, à savoir que la valeur de $\sqrt{\Phi}$ est très voisine de celle de la fraction 14/11. Le calcul donne en effet les deux valeurs extrêmement approchées : $\sqrt{\Phi} = 1{,}27201$ et $14/11 = 1{,}27272$. Si donc, en pratique, et pour des raisons de commodité, on remplace $\sqrt{\Phi}$ par 14/11, on commet une erreur de l'ordre de 0,06 % négligeable eu égard aux techniques courantes du dessin.

Autre coïncidence intéressante : l'angle α, caractéristique de la forme (B) — l'angle $\widehat{DAC}$ de la figure 13 — est très voisin de l'angle au centre qui sous-tend le côté de l'heptagone régulier convexe inscrit dans un cercle : le premier de ces angles est pratiquement égal à 51,82° et le second à 51,43° (exactement : 360/7°).

B) *Deux triangles « égyptiens »*. — Menons une diagonale d'un rectangle « $\sqrt{\Phi}$ » quelconque (par exemple, la diagonale AC de la fig. 13). On définit

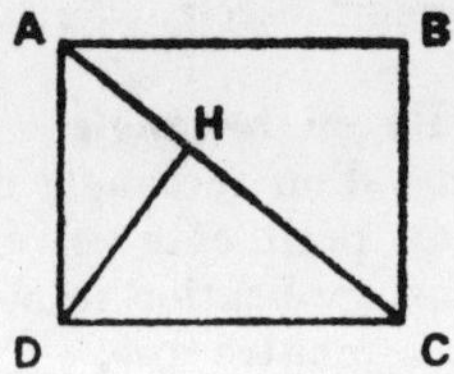

Fig. 13

ainsi une forme de triangle rectangle possédant les propriétés *spécifiques* suivantes :

a) *Les longueurs des trois côtés forment une progression géométrique de raison égale à* $\sqrt{\Phi}$*;*

b) Le pied de la perpendiculaire abaissée du sommet de l'angle droit sur l'hypoténuse (soit H) divise l'hypoténuse en moyenne et extrême raison (on démontre aisément que $HC/HA = \Phi$).

Nous repèrerons la forme considérée par le symbole (TR3). On lui attribue parfois le qualificatif *d'égyptien*, car on a décelé sa présence dans la structure de différents monuments de l'Egypte ancienne, notamment de la célèbre pyramide de Chéops (p. 114).

Il ne faut pas confondre le triangle (TR3) avec un *autre triangle égyptien*, d'ailleurs plus connu, qui servait aux arpenteurs égyptiens lors de la construction d'angles droits sur le terrain. Les longueurs des côtés de ce deuxième triangle sont entre elles comme les nombre *trois*, *quatre* et *cinq* : c'est le *seul triangle rectangle dont les côtés soient en pro-*

gression arithmétique, la raison étant égale au tiers du petit côté. Il s'agit là d'une propriété remarquable, tout comme la propriété « homologue », caractéristique du triangle (TR3).

5. La forme (E) ou rectangle « Parthénon ». — Alors que ce rectangle n'est défini *explicitement*, du moins à notre connaissance, dans aucun ouvrage, Mlle Elisa Maillard l'a découvert ou retrouvé, dès 1943, en maniant son compas de proportion, à l'occasion d'une analyse de Sainte-Sophie de Constantinople. Par la suite, elle l'a mis en évidence dans un certain nombre de monuments, notamment le « Parthénon » (p. 120). Elle a pris l'habitude — que nous adopterons — de lui donner l'appellation de *rectangle « Parthénon »*. La forme est celle d'un rectangle (fig. 9 *e*) dans lequel le rapport de la diagonale, au segment de droite qui relie un sommet quelconque au milieu du grand côté opposé, est égal au nombre d'or.

A) *Construction géométrique.* — Soit AB le grand côté du rectangle à construire, et E le milieu de AB (fig. 14).

On détermine tout d'abord les points M et N qui divisent le segment AE en moyenne et extrême raison (p. 9). Le lieu (ou ensemble) des points tels que le rapport de leurs distances respectives aux

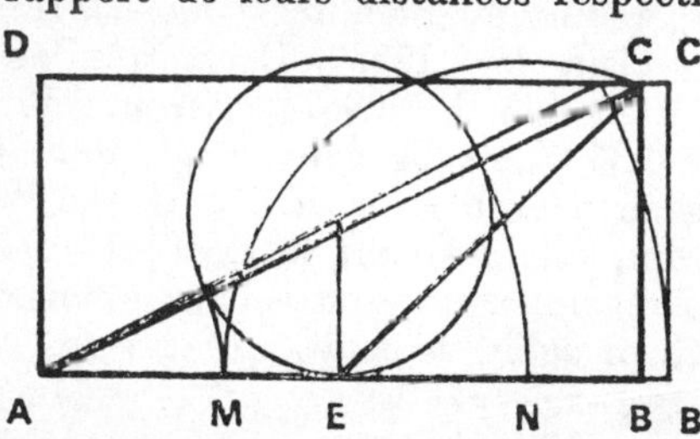

Fig. 14

points fixes A et E soit égal à Φ, est un cercle de centre N et de rayon NM (ce résultat peut s'établir par un raisonnement qui ne présente aucune difficulté). Ce cercle rencontre en C, la perpendiculaire à AB, élevée du point B. Le point C est le troisième sommet du rectangle cherché, le point D étant le quatrième sommet (en effet : CA/CE = Φ).

La construction qui vient d'être décrite ne fait pas état de ce que AB est le grand côté du rectangle, mais elle montre qu'il ne peut en être autrement.

Sur la figure 14, on a également tracé le rectangle « $\sqrt{5}$ », dont AD est un petit côté, soit AB'C'D. Il apparaît que ce rectangle est très voisin du rectangle « Parthénon » ABCD, quoiqu'il en diffère nettement (il est un peu plus allongé). C'est d'ailleurs ce que confirme un calcul précis.

B) *Constructions très approchées.* — Elles se réfèrent à la valeur du coefficient k, caractéristique de la forme (E). Un calcul élémentaire (qui ne sera pas donné), basé sur l'application du théorème de Pythagore, conduit à :

$$k = 2\sqrt{\frac{\Phi}{3 - \Phi}} \simeq 2{,}16408.$$

Les constructions en question découlent de coïncidences.

a) Le produit du nombre Φ par 4/3 est extrêmement voisin de 2,15737. Il est très légèrement inférieur à 2,16408, de 0,00671 environ, soit un écart relatif de 0,35 %, négligeable compte tenu du degré de précision courante du dessin. On en déduit la construction suivante, qui part du rectangle « Φ », supposé préalablement construit : en conservant le petit côté, il suffit de multiplier par 4/3 le grand côté du rectangle « Φ »;

b) On constate que le rapport 13/6 — soit 2,166... — ne diffère que de 0,0026 environ, par excès, de 2,16408, soit un écart relatif de 0,12 %, écart *absolument négligeable.*

Le rectangle « Parthénon » est pratiquement identique au rectangle — *extrêmement facile à construire* — dont les côtés sont entre eux comme les nombres 13 et 6.

6. **Tableau récapitulatif (tableau II).** — Les rectangles y sont classés dans l'ordre des moins allongés aux plus allongés. Chaque forme est repérée par le symbole — lettre majuscule entre parenthèses — qui lui a été attribué.

TABLEAU II

Forme	*k* — *Expression rigoureuse*	*k* — *Valeur approchée*	$\alpha°$
(J)	$\frac{1}{\sin 72°}$	1,0515	46,46°
(B)	$\sqrt{\Phi}$	1,272	51,82°
(G)	tg 54°	1,376	54°
(K)		1,461	55,62°
(C)	1/2 tg 72°	1,539	56,98°
(A)	Φ	1,618	58,28°
(I)	$\frac{1}{\sin 36°}$	1,701	59,54°
(E)	$2\sqrt{\frac{\Phi}{3-\Phi}}$	2,164	65,19°
(F)	$\sqrt{5}$	2,236	65,90°
(D)	2 tg 54°	2,752	70,03°
(H)	tg 72°	3,078	72°

Pour chaque forme, on donne en règle générale :

— une expression rigoureuse de k (rapport du grand côté au petit côté), soit en fonction de Φ, soit en fonction du sinus ou de la tangente d'un angle multiple de 18° ;
— une valeur décimale approchée de k ;
— une valeur (rigoureuse ou approchée) de l'angle α que fait la diagonale avec le petit côté ($\operatorname{tg} \alpha = k$).

III. — Figures géométriques diverses

1. **Spirales logarithmiques.** — Il est une opinion assez répandue : toutes les spirales logarithmiques seraient régies par le nombre d'or. En conséquence, chaque fois qu'une spirale logarithmique apparaît dans un phénomène naturel ou une œuvre d'art, il s'agirait d'une manifestation du nombre d'or.

C'est pousser les choses beaucoup trop loin. Pour y voir clair, il convient de rappeler tout d'abord quelques propriétés caractéristiques des spirales logarithmiques.

A) *Définition. Caractères essentiels.* — *a)* La figure 15 représente un tronçon d'une *spirale logarithmique.*

Cette figure est définie en position par rapport à un point O, *le centre de la spirale.* Les droites joignant le point O aux différents points (tels que M_1) sont des *rayons vecteurs.*

Considérons un point quelconque (par exemple, le point M_1) et la tangente à la spirale en ce point. Cette droite fait avec le prolongement du rayon vecteur un angle α, lequel est *constant et indépendant du point considéré* : propriété caractéristique qui peut servir de définition à la spirale logarithmique.

La valeur de α peut être quelconque.

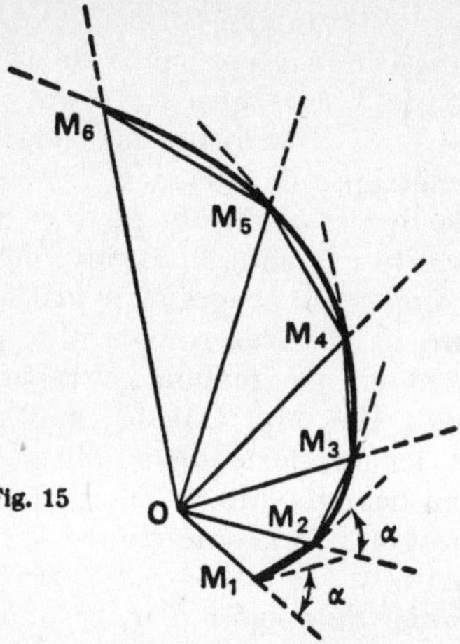

Fig. 15

A une valeur donnée de α correspond une forme donnée de spirale (il y a une infinité de formes possibles).

b) Sur la figure 15, les rayons vecteurs OM_1, OM_2, ..., n'ont pas été placés au hasard. Ils sont tels qu'ils forment entre eux, deux à deux, un angle constant, à savoir :

$$\widehat{M_1 OM_2} = \widehat{M_2 OM_3} = \widehat{M_3 OM_4} = \ldots$$

Dans ces conditions, les angles $\widehat{M_1 OM_2}$, $\widehat{M_1 OM_3}$, $\widehat{M_1 OM_4}$, $\widehat{M_1 OM_5}$, ..., forment une *progression arithmétique*, de raison $M_1 OM_2$.

On établit d'autre part aisément que si :

$$\frac{OM_2}{OM_1} = \frac{OM_0}{OM_2} = \frac{OM_4}{OM_3} = \ldots = k,$$

k désignant la valeur commune des rapports ci-dessus :

$$OM_2 = k \times OM_1 ; \quad OM_3 = k^2 \times OM_1 ; \ldots$$

Les rayons vecteurs OM_1, OM_2, OM_3, ..., forment une *progression géométrique* de raison k.

On établit de même que les segments $M_1 M_2$, $M_2 M_3$, $M_3 M_4$, ..., forment eux aussi une progression géométrique de raison k.

L'ensemble de ces résultats peut se résumer de la façon suivante : lorsque le rayon vecteur tourne suivant des angles en progression arithmétique, le rayon vecteur, et la corde sous-tendue par chaque angle, croissent en progression géométrique.

Les triangles $OM_1 M_2$, $OM_2 M_3$ sont semblables entre eux et les rapports de similitude successifs par rapport au triangle initial $OM_1 M_2$ (par exemple) forment la progression géométrique : 1 ; k ; k^2...

B) *Les spirales du nombre d'or.* — *a)* En partant d'une forme quelconque de triangle, tel que $OM_1 M_2$, il est possible de construire une ligne polygonale, telle que $M_1 M_2 M_3$..., susceptible d'être inscrite dans une spirale logarithmique dont les caractéristiques peuvent être calculées (le calcul est en dehors du cadre du présent ouvrage).

Dans le cas le plus général, la ligne polygonale et la spirale ainsi obtenues n'ont ***aucun rapport naturel avec le nombre d'or.***

Pour qu'un tel rapport existe, il faut partir d'une forme de triangle en liaison plus ou moins directe avec le nombre d'or. On peut choisir à cet effet l'une quelconque des formes de triangles rencontrées précédemment, ou encore — s'il n'en a pas été fait mention explicitement — les triangles rectangles obtenus en coupant par une diagonale les rectangles « du nombre d'or ». On dispose ainsi d'une variété de formes, qui n'est d'ailleurs nullement limitative.

Il est impossible de multiplier les exemples. On se bornera à un exemple souvent donné.

b) Le triangle $OM_1 M_2$ choisi comme triangle initial est un triangle rectangle dont le point O est le sommet de l'angle droit. Il est d'autre part de la forme obtenue en coupant en deux, par une diagonale, le rectangle « Φ » (d'où : $OM_2/OM_1 = \Phi$). La construction (fig. 16) de la ligne polygonale $M_1 M_2 M_3$... est particulièrement aisée (il en est

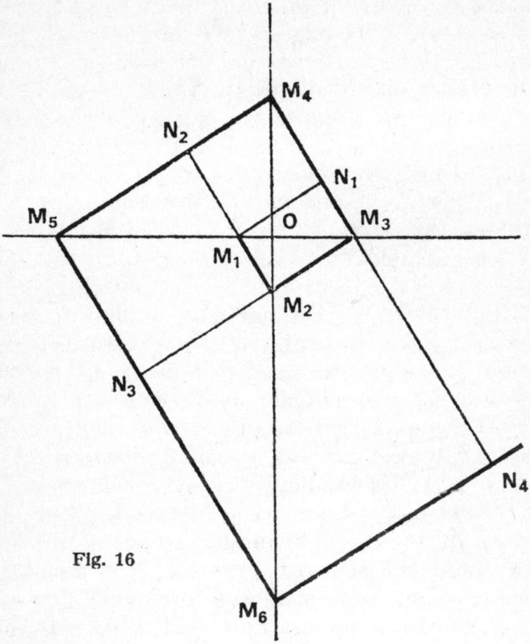

Fig. 16

d'ailleurs ainsi chaque fois que l'on part d'un triangle, rectangle en O).

Les sommets M_1, M_2, M_3, ... se répartissent sur deux droites passant par O, qui se coupent à angle droit.

Les segments successifs OM_1, OM_2, OM_3, ... d'une part, $M_1 M_2$, $M_2 M_3$, $M_3 M_4$, ... d'autre part, ont des longueurs qui forment une progression géométrique de raison égale à Φ.

Considérons enfin deux points « consécutifs » situés sur le même demi-axe issu de O, par exemple, les points M_1 et M_5.

$$\frac{OM_5}{OM_1} = \Phi^4.$$

On établit aisément que (p. 73) :

$$\Phi^4 = 3\Phi + 2 \simeq 6{,}8541.$$

Quant aux rectangles successifs $M_1 M_2 M_3 N_1$, $M_2 M_3 M_4 N_2$, ..., ce sont tous des rectangles « Φ », dont les carrés $M_1 N_1 M_4 N_2$, $M_2 N_2 M_5 N_3$, ..., sont les gnomons.

2. **Polyèdres.** — En partant de figures de la géométrie plane susceptibles d'être associées simplement, plus ou moins directement au nombre d'or, il n'est pas difficile de former une grande variété de figures à *trois dimensions* : parallélépipèdes rectangles, prismes, pyramides, polyèdres en général. De telles combinaisons offrent de multiples possibilités aux architectes et aux sculpteurs, de même que les figures planes constituent une ressource pour les peintres, graveurs, etc. Certaines de ces combinaisons soulèvent d'ailleurs des problèmes d'ordre mathématique qu'il n'est pas possible d'aborder ici.

Sans insister davantage, on se bornera à rappeler les deux polyèdres réguliers liés au nombre d'or, le *dodécaèdre* et l'*icosaèdre*, au sujet desquels quelques indications succinctes ont été données ci-dessus (p. 29).

Chapitre II

ARITHMÉTIQUE ET ALGÈBRE

Dans ce qui suit apparaîtront, sous le vêtement de l'arithmétique et de l'algèbre, des propriétés du nombre d'or qui, pour la plupart, correspondent aux propriétés géométriques de ce nombre.

La recherche de telles correspondances est un jeu agréable et instructif sur lequel nous ne pourrons malheureusement pas nous étendre. Nous ne nous interdirons pas toutefois d'y faire allusion lorsque la chose paraîtra aisée.

I. — Propriétés tirées de l'équation de définition du nombre d'or

Partons de l'équation (p. 13) :

[3] $$\Phi^2 - \Phi - 1 = 0$$

dont le nombre d'or est la racine positive.

Cette équation se transforme aisément en :

[3′] $$\Phi^2 = \Phi + 1,$$

puis en :

[4] $$\Phi = 1 + \frac{1}{\Phi}.$$

1. Sous cette dernière forme, il apparaît que le *nombre d'or est égal à son inverse augmenté d'une*

unité. Il s'agit là d'une propriété *spécifique*, que le nombre d'or partage toutefois avec la deuxième racine (négative) de l'équation [3], soit l'inverse — changé de signe — du nombre d'or.

Il en résulte que, dans les expressions décimales de Φ et $1/\Phi$, les chiffres placés à la droite de la virgule sont rigoureusement les mêmes et disposés de la même façon, à savoir :

$$\Phi = 1{,}61803...$$

et :

$$1/\Phi = 0{,}61803...$$

Cette *particularité* étonne et séduit vivement certains esprits. Il est aisé toutefois de constater que le nombre d'or la partage avec une infinité d'autres nombres qui sont les racines des équations de la forme :

$$x = n + \frac{1}{x}$$

ou :

[5] $$x^2 - nx - 1 = 0,$$

n étant un nombre entier quelconque.

Ces nombres constituent une famille à laquelle appartient, par exemple, le nombre $(1 + \sqrt{2})$, racine de :

$$x^2 - 2x - 1 = 0$$

Toutefois, l'équation générale caractéristique de ladite famille — soit [5] — prend sa forme la plus simple — soit [3] — lorsqu'il s'agit du nombre d'or.

L'expression [4] — d'une façon générale l'expression [5] — permet en pratique de faciliter certains calculs numériques : si l'on a, par exemple, à diviser un nombre par 1,618, il est équivalent — et beaucoup moins ennuyeux — de le multiplier par 0,618.

2. L'équation [3'] conduit naturellement à la suite indéfinie :

$$\Phi^3 = \Phi^2 + \Phi$$
$$\Phi^4 = \Phi^3 + \Phi^2$$
$$\ldots\ldots\ldots$$
$$\Phi^n = \Phi^{(n-1)} + \Phi^{(n-2)}$$
$$\ldots\ldots\ldots,$$

d'où il ressort une *propriété remarquable* :

Si l'on considère une progression géométrique ayant pour raison le nombre d'or Φ, un terme de rang quelconque n (soit $u_n = a\Phi^n$, où a désigne un nombre constant quelconque) est égal à la somme des deux termes qui le précèdent, de rangs respectifs $(n - 1)$ et $(n - 2)$.

A noter que les progressions géométriques ayant pour raison $(-1/\Phi)$, c'est-à-dire la racine négative de l'équation [3], possèdent la même propriété.

Lesdites progressions géométriques font d'ailleurs également partie de l'ensemble plus général des suites ou séries de nombres satisfaisant à la relation :

[6] $$u_n = u_{(n-1)} + u_{(n-2)}.$$

II. — Les séries de Fibonacci et le nombre d'or

1. **La série traditionnelle.** — Elle a été définie par Fibonacci (p. 18) à l'occasion de recherches mathématiques sur la prolifération des lapins.

Ces recherches étaient basées sur les hypothèses simplificatrices suivantes :

— un premier couple de lapins (première génération), soit C_1, donne naissance (et uniquement) à un couple de lapins à la deuxième génération, soit C_{12}, puis à un couple à la troisième génération, soit C_{13} ;

— de même, le couple C_{12} donne naissance à un couple à la troisième génération (C_{123}) et à un couple à la quatrième génération (C_{124}) ;
— le processus se poursuit indéfiniment.

Avec un peu d'attention, il est facile de voir que les nombres de couples composant les générations successives — nous les désignerons par $u_1, u_2, \ldots, u_n, \ldots$ — s'établissent de la façon suivante :

1re génération	:	$u_1 = 1$
2e	—	$u_2 = 1$
3e	—	$u_3 = u_2 + u_1 = 2$
4e	—	$u_4 = u_3 + u_2 = 3$
5e	—	$u_5 = u_4 + u_3 = 5$
6e	—	$u_6 = u_5 + u_4 = 8$
. . . . . .	. . .	. . . .
ne	—	$u_n = u_{(n-1)} + u_{(n-2)}$
. . . . . .	. . .	. . . .

La relation de formation de la série ainsi définie n'est autre que la relation [6]. L'application de ladite relation donne une idée de la vitesse de prolifération (en admettant les hypothèses de Fibonacci). On vérifiera, par exemple, qu'à la dixième génération correspondent 55 couples et que leur nombre atteint 987 à la seizième génération. La série est très rapidement croissante et l'on aboutit rapidement à des nombres très grands.

Désireux d'en savoir davantage, Fibonacci eut l'ingénieuse idée de comparer deux termes consécutifs de la série en question, c'est-à-dire, pour être plus précis, d'étudier comment se comporte le rapport $u_{(n+1)}/u_n$. Cette idée devait le conduire au nombre d'or.

2. L'ensemble des séries de Fibonacci. — Si l'on considère, dans toute leur généralité, l'ensemble des séries justiciables de la relation [6], il est équitable de désigner lesdites séries par l'expression « séries de Fibonacci ».

Une série quelconque de cet ensemble est parfaitement définie et identifiée, si l'on connaît ou l'on se donne deux termes consécutifs, en particulier les termes respectivement de rangs *1* et *2*, soit α et β. En effet :

$$\begin{aligned}
u_1 &= \alpha \\
u_2 &= \beta \\
u_3 &= u_2 + u_1 = \beta + \alpha \\
u_4 &= u_3 + u_2 = 2\beta + \alpha \\
u_5 &= u_4 + u_3 = 3\beta + 2\alpha \\
u_6 &= u_5 + u_4 = 5\beta + 3\alpha \\
&\dots\dots\dots\dots
\end{aligned}$$

On remarque que la suite des coefficients de β n'est autre, à partir du terme u_2, que la série traditionnelle de Fibonacci. Il en est de même, mais à partir du terme u_3, pour la suite des coefficients de α.

Dans le cas particulier où $\alpha = 1$ et $\beta = \Phi$ — progression géométrique de raison Φ — on arrive aisément à des expressions simples des *puissances entières successives de* Φ, à savoir :

$$\begin{aligned}
\Phi^2 &= \Phi + 1 \\
\Phi^3 &= 2\Phi + 1 \\
\Phi^4 &= 3\Phi + 2 \\
&\dots\dots \\
\Phi^n &= u_n \Phi + u_{(n-1)} \\
&\dots\dots\dots,
\end{aligned}$$

u_n étant, cette fois, le *terme général de la série traditionnelle de Fibonacci.*

Montrons d'autre part qu'une *série quelconque* de Fibonacci, définie par ses deux premiers termes α et β, peut s'exprimer par la forme :

$$[7] \qquad u_n = a\Phi^{(n-1)} + b\left(-\frac{1}{\Phi}\right)^{(n-1)}$$

En premier lieu, la forme ci-dessus représente bien une série de Fibonacci puisque son second membre est la somme de deux termes, dont chacun vérifie la relation [6].

D'autre part, il est aisé de calculer les coefficients constants a et b, de façon à ce que les deux premiers termes de la série définie par [7] s'identifient respectivement à α et β.

Un cas particulier intéressant est celui où $a = 1$ et $b = 1$. L'équation [7] devient :

$$u_n = \Phi^{(n-1)} + \frac{(-1)^{(n-1)}}{\Phi^{(n-1)}}.$$

Il y correspond les valeurs initiales :

$$u_1 = 2,$$
$$u_2 = 1,$$

et ensuite :

$$u_3 = 3$$
$$u_4 = 4$$
$$u_5 = 7$$
$$\cdots$$

3. Présence du nombre d'or. — *a)* Il ressort de la forme [7] que, *lorsque n augmente indéfiniment par valeurs positives*, le second terme tend vers zéro et u_n tend vers la forme simplifiée $a\Phi^{(n-1)}$, c'est-à-dire se confond, à un facteur constant près, avec *la progression géométrique*, rencontrée précédemment, *de raison* Φ.

Conséquence : *dans lesdites circonstances, le rapport d'un terme quelconque au terme qui le précède immédiatement, soit* $u_{(n+1)}/u_n$, *tend vers le nombre d'or* Φ.

On établit de même que *lorsque n augmente indéfiniment par valeurs négatives*, u_n tend vers la forme simplifiée $b(-1/\Phi)^{(n-1)}$ et le rapport $u_{(n+1)}/u_n$ tend vers $(-1/\Phi)$.

b) *Revenons au cas général.* A toute série de Fibonacci, on peut faire correspondre une *série associée*, dont nous désignerons le terme général par v_n, v_n étant défini par la relation :

[8] $$v_n = \frac{u_{(n+1)}}{u_n},$$

et l'on a établi que v_n tend vers Φ quand n augmente indéfiniment. Le raisonnement est valable pour des nombres α et β (ou a et b) absolument quelconques : ils peuvent être entiers, fractionnaires ou irrationnels, positifs ou négatifs, réels ou complexes.

Il reste à examiner *comment* v_n tend vers Φ.

Des expressions [6] et [8], on tire — par un raisonnement simple — la relation :

[8′] $$v_n = 1 + \frac{1}{v_{(n-1)}}.$$

Particularisons le problème en supposant que α *et* β *sont des nombres positifs.*

Dans ces conditions, il en est de même de u_n et v_n.

Si l'on rapproche d'autre part les expressions [4] et [8′], il en ressort les implications :

$$v_{(n-1)} < \Phi \quad \text{entraîne} \quad v_n > \Phi\,;$$
$$v_{(n-1)} > \Phi \quad \text{entraîne} \quad v_n < \Phi.$$

On en conclut que, lorsque n croît, v_n se rapproche de Φ par valeurs alternativement inférieures et supérieures à Φ.

Enfin, il va de soi que v_n est, pour une valeur de n donnée, d'autant plus proche de Φ que la valeur initiale $v_1 = \beta/\alpha$ est elle-même plus proche de Φ.

On peut illustrer ce qui précède par un *exemple* : celui de la série traditionnelle de Fibonacci et de sa série associée.

Le tableau IV ci-après réunit un certain nombre de valeurs numériques.

TABLEAU IV

n	1	2	3	4	5
u_n	1	1	2	3	5
v_n	1	2	1,5	1,666...	1,6
n	6	11	12	13	14...
u_n	8	89	144	233	377...
v_n	1,625	1,6179...	1,61805...	1,61802...	...

On remarque que la valeur approchée 1,618 (couramment utilisée) est atteinte à partir de $n = 12$.

c) Considérons l'expression :

$$F(n) = u^2_{(n+1)} - u_n \,.\, u_{(n+2)},$$

dans laquelle le terme général u_n vérifie l'expression [6].

On démontre que, pour des valeurs quelconques des termes initiaux, $u_1 = \alpha$ et $u_2 = \beta$:

$$F(n) = (-1)^n[\alpha(\alpha + \beta) - \beta^2].$$

Cas particuliers :

Si $u_n = a\Phi^{(n-1)}$,

$$F(n) = 0.$$

Si u_n est le terme général de la série traditionnelle de Fibonacci :

$$F(n) = (-1)^n$$

(ce que l'on peut d'ailleurs vérifier directement pour les petites valeurs de n).

d) Considérons une série de terme général $u_n/u_{(n-2)}$, u_n étant défini par la relation [6].

On écrit :

$$\frac{u_n}{u_{(n-2)}} = \frac{u_n}{u_{(n-1)}} \cdot \frac{u_{(n-1)}}{u_{(n-2)}}.$$

Sous cette forme, il apparaît que $u_n/u_{(n-2)}$ est le produit de deux termes qui tendent tous deux vers la valeur commune Φ *quand* n *croît indéfiniment.*

Il en résulte que, *dans les mêmes conditions*, leur produit, c'est-à-dire le *terme* $u_n/u_{(n-2)}$ tend vers Φ^2.

On établit aisément, par un raisonnement analogue, que le *terme général d'une série quelconque de la forme* $u_n/u_{(n-p)}$ *tend vers* Φ^p *quand* n *tend vers l'infini.*

Exemple : si l'on part de la série traditionnelle de Fibonacci, la série définie par $u_n/u_{(n-2)}$ s'écrit :

$$\frac{2}{1}; \frac{3}{1}; \frac{5}{2}; \frac{8}{3}; \frac{13}{5}; \ldots; \frac{u_n}{u_{(n-2)}}; \ldots \Phi^2.$$

III. — Expressions diverses du nombre d'or

A) Partons de la relation [8'] et supposons en outre que $v_1 = 1$ (cas de la série associée à la série traditionnelle de Fibonacci).

Ecrivons les v successifs, de la façon suivante :

$$v_1 = 1 \qquad\qquad = 1$$

$$v_2 = 1 + \frac{1}{1} \qquad = 2$$

$$v_3 = 1 + \cfrac{1}{1 + \cfrac{1}{1}} = \frac{3}{2}$$

$$v_4 = 1 + \cfrac{1}{1 + \cfrac{1}{1 + \cfrac{1}{1}}} = \frac{5}{3}$$

et ainsi de suite.

Il est clair que l'on peut continuer indéfiniment et l'on arrive, à l'infini, à :

$$\Phi = 1 + \cfrac{1}{1 + \cfrac{1}{1 + \cfrac{1}{1 + \dots}}}, \tag{9}$$

expression au second membre de laquelle intervient le seul nombre 1.

Les seconds membres des expressions ci-dessus sont — suivant le langage des mathématiciens — des *fractions continues* respectivement :

d'ordre 1 pour v_1 ;
d'ordre 2 pour v_2 ;
. . . .

d'ordre infini pour Φ.

On dit encore que les v_1, v_2, ..., v, ..., sont les *réduites d'ordre* 1, 2, ..., n, ..., de la fraction continue d'ordre infini qui représente Φ.

B) De l'équation [3], on tire :

$$\Phi = \sqrt{1 + \Phi} \qquad [3'']$$

ou encore :

$$\Phi = \sqrt{1 + \sqrt{1 + \Phi}}$$

$$\Phi = \sqrt{1 + \sqrt{1 + \sqrt{1 + \Phi}}}$$

et ainsi de suite indéfiniment.

On arrive ainsi à l'expression :

$$\Phi = \sqrt{1 + \sqrt{1 + \sqrt{1 + \ldots}}} \qquad [10]$$

laquelle est d'ailleurs susceptible d'une démonstration rigoureuse.

Constatation remarquable : cet édifice de radicaux superposés à l'infini, fait intervenir le seul nombre 1, situation analogue à celle que présente l'expression [9].

C) Nous donnerons encore, sans démonstration, deux expressions de Φ (dans lesquelles u_n est le terme général de la série traditionnelle de Fibonacci) :

— dans la première, Φ se présente comme la somme d'une série infinie, soit :

[11]

$$\Phi = 1 + \frac{1}{1.1} - \frac{1}{1.2} + \frac{1}{2.3} - \frac{1}{3.5} + \ldots + \frac{(-1)^{(n+1)}}{u_n . u_{(n+1)}} \ldots$$

— dans la deuxième, Φ apparaît sous la forme d'un produit infini, soit :

[12] $$\Phi = \left(1+\frac{1}{1^2}\right)\left(1-\frac{1}{2^2}\right)\left(1+\frac{1}{3^2}\right)\cdots\left(1+\frac{(-1)^n}{u_n^2}\right)\cdots$$

IV. — Situation du nombre d'or par rapport à d'autres nombres

1. En fin de compte, les propriétés du nombre d'or analysées ci-dessus, sont liées à la *série récurrente* définie par :

[6] $$u_n = u_{(n-1)} + u_{(n-2)}.$$

Or, la forme de cette expression n'est qu'un cas particulier de la forme plus générale :

[13] $$u_n = mu_{(n-1)} + pu_{(n-2)},$$

où m et p désignent des nombres constants quelconques.

A chaque couple de valeurs de m et de p autres que 1 et 1 correspond un (parfois plusieurs) nombre qui possède des propriétés analogues — *quoique d'une présentation moins simple, en général* — à celles du nombre d'or.

Ainsi, à la relation [13], on peut faire correspondre :

[13′] $$x^2 = mx + p,$$

de la même façon que l'expression [3] $\Phi^2 = \Phi + 1$ correspond à [6].

Supposons que les deux racines x_1 et x_2 de [13′] soient réelles et distinctes et supposons en outre que : $|x_1| > |x_2|$.

On démontre que, dans ces conditions, la série définie par [13] tend, lorsque n tend vers l'infini, vers une progression géométrique dont la raison est x_1. On retrouve ainsi une des propriétés des séries définies par [6].

2. On peut d'ailleurs pousser la généralisation plus loin et l'étendre à des formes linéaires reliant non plus seulement trois, mais quatre, cinq (et même davantage) termes consécutifs d'une série, à savoir :

[14] $$u_n = mu_{(n-1)} + pu_{(n-2)} + qu_{(n-3)} \cdots$$

3. Nous ne pouvons nous étendre davantage sur ces considérations, que nous illustrerons toutefois par un *exemple.*

Revenons sur le problème de la *prolifération de l'espèce lapine.*

Si Fibonacci avait supposé que chaque couple engendre trois couples répartis sur trois générations, il eût abouti à la relation :

[16] $$u_n = u_{(n-1)} + u_{(n-2)} + u_{(n-3)},$$

dont on remarque la parenté de forme avec la relation [6].

On peut associer, à la série définie par [16], une série également récurrente de terme général :

$$v_n = \frac{u_{(n+1)}}{u_n}$$

et l'on montre que v_n tend vers une limite quand n tend vers l'infini. Cette valeur-limite — que nous désignerons par Φ_1 — est une racine de l'équation du 3e degré : $x^3 = x^2 + x + 1$ (de même que le nombre d'or Φ est une racine de l'équation du

2e degré : $x^2 = x + 1$). Le calcul donne (valeur approchée) :

$$\Phi_1 \simeq 1{,}839.$$

Juxtaposons (fig. 17) sur une droite trois segments dont les longueurs forment une progression géométrique de raison Φ_1, soit :

$$A_1A_2 = AA_1 \times \Phi_1\,;$$
$$A_2B = A_1A_2 \times \Phi_1.$$

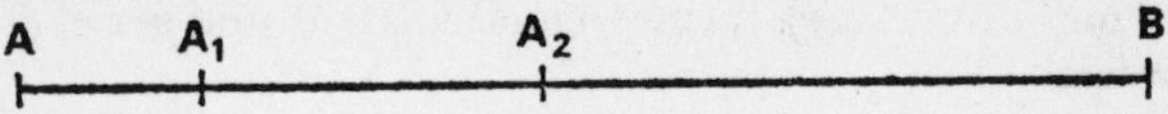

Fig. 17

La longueur du segment total, soit AB, est le terme suivant de la progression géométrique considérée. Nous nous trouvons en présence d'une division — liée au nombre Φ_1 — qui est une *extension de la division d'un segment en moyenne et extrême raison*, liée au nombre Φ. Le nombre Φ_1 possède d'ailleurs d'autres intéressantes propriétés qui l'apparentent au nombre Φ.

Le fait que le nombre d'or perde, ainsi qu'il ressort de ce qui précède, son caractère d'*exclusivité*, risque de décevoir certains lecteurs. Il faut pourtant se rendre à l'évidence : les mathématiques du nombre d'or apparaissent moins comme un domaine réservé et forcément restreint, que comme une base de départ — d'ailleurs riche, variée et attrayante — vers des domaines beaucoup plus étendus, dont on peut penser qu'ils comportent des parties encore peu explorées jusqu'à présent (en dépit de recherches systématiques effectuées dans certains pays, notamment en Grande-Bretagne).

TROISIÈME PARTIE

LE NOMBRE D'OR DANS LA NATURE ET DANS L'ART

Chapitre Premier

LE NOMBRE D'OR ET LES PHÉNOMÈNES NATURELS

I. — Considérations préliminaires

Dans un article publié il y a quelques années sous le titre *La proportion dorée, canon de l'esthétique*, on pouvait lire :

« ... nos ancêtres ont caché soit sous la légende, soit sous le symbole, les clefs que nous cherchons si péniblement parce que la Science moderne est aussi aveugle qu'immorale, anti-sociale et imbécile ».

Il va de soi que, selon l'auteur de l'article, l'une des clefs en question est le nombre d'or. Il est non moins sûr qu'en règle générale, les hommes de sciences — lesquels font, si l'on peut s'exprimer ainsi, une énorme consommation de nombres — ne rangent pas le nombre d'or parmi les nombres importants. Ont-ils raison ? Ont-ils tort ? Sans prétendre répondre à ces questions, nous exposerons et discuterons quelques-uns des faits les plus souvent avancés, venus à notre connaissance, laissant au lecteur le soin d'en juger par lui-même.

Toutefois, nous ferons précéder notre examen de quelques *remarques préliminaires.*

Certains ont l'habitude de porter à l'actif du nombre d'or, la totalité des phénomènes où intervient le nombre *cinq.* Un tel comportement nous paraît source de confusion. Il ne nous semble pas légitime, par exemple, d'attribuer à une présence du nombre d'or, le fait que la main comporte cinq doigts. Certes, il existe entre les deux nombres des liens évidents. Ce n'est pas une raison pour les confondre (d'ailleurs, en admettant même qu'une telle opération soit légitime, on ne voit pas pourquoi le nombre « élu » pour son excellence serait le nombre d'or plutôt que le nombre cinq).

En conséquence, nous ne mettrons au *crédit du nombre d'or* que les faits ou phénomènes où se manifestent :

— soit une présence *directe* du nombre d'or (notamment, dans certaines structures se rattachant aux pentagones et décagones réguliers, etc.) ;
— soit des suites de nombres pouvant être considérés comme des termes consécutifs d'une série de Fibonacci.

D'un autre côté, la présence de *deux nombres consécutifs* d'une série de Fibonacci (à plus forte raison, un nombre unique) *ne saurait constituer une preuve*, peut donner lieu tout au plus à une présomption intéressante. Deux nombres peuvent en effet caractériser, non seulement une série de Fibonacci — justiciable de la relation [6] — mais une série quelconque de la forme [13], laquelle conduit, en général, à un nombre autre que le nombre d'or (p. 80).

Autre remarque. — En toute équité, dans l'observation des phénomènes naturels, il faudrait porter à d'autres nombres, et notamment aux nombres apparentés aux différents polygones réguliers (triangle équilatère, carré, hexagone régulier, heptagone régulier, etc.) la même attention qu'au nombre d'or.

II. — Le règne végétal

1. Il existe un très grand nombre de *fleurs* comportant *cinq* pétales régulièrement répartis. Les extrémités de ces pétales sont placées aux sommets d'un pentagone régulier. Il existe aussi des fleurs de dix pétales (parfois groupés de façon à constituer cinq groupes de deux). La liaison avec le nombre d'or est ici évidente et incontestable.

2. Examinons la façon dont les *feuilles* sont disposées par rapport à la *tige* (la disposition varie évidemment suivant les espèces végétales), en nous limitant aux cas où les feuilles sont dites alternes ou *isolées* : chaque feuille s'attache à la tige par un nœud et, réciproquement, à un nœud donné correspond une feuille unique.

La figure 18 montre schématiquement ce que l'on observe dans un certain nombre d'espèces (telles que le poirier, le pommier et le chêne).

Les différents nœuds ou points d'attache sont placés sur une sorte d'*hélice* qui s'enroule autour de la tige, laquelle est assimilable, en première approximation, à un *cylindre* (ou un tronc de cône de très faible ouverture) de section droite circulaire.

On observe d'autre part que les nœuds sont à l'intersection de l'hélice et de *cinq* (et cinq seulement) *génératrices* du cylindre, lesquelles rencontrent le pourtour de la section droite, en des points qui sont approximativement les sommets d'un *pentagone régulier*.

Si, partant d'un nœud quelconque (par exem-

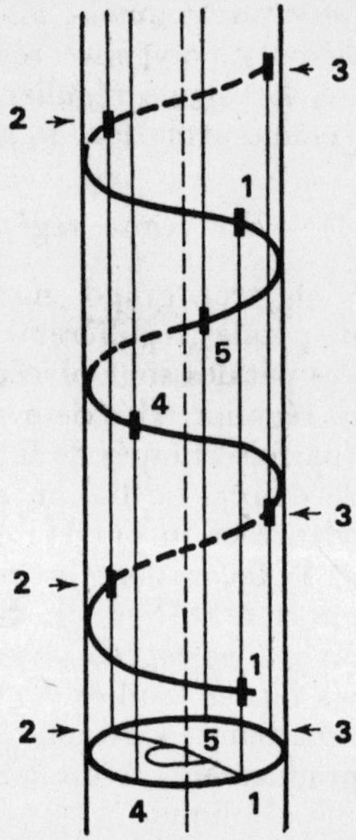

Fig. 18

ple, le nœud n° 1) on décrit l'hélice, le premier nœud que l'on rencontre n'est pas sur la génératrice suivante (qui porte le n° 4), mais sur la génératrice qui vient encore après (à laquelle, pour cette raison, nous avons attribué le n° 2) et ainsi de suite. En conséquence, les points 1, 2, 3, 4 et 5 de la section droite se présentent dans le même ordre que les sommets d'un *pentagone étoilé. Autre conséquence :* partant du nœud n° 1, il faut décrire *deux spires* de l'hélice pour trouver un autre nœud sur la génératrice 1.

Rapprochons le nombre *deux* (nombre minimal de spires entre deux nœuds ayant le même numéro) et le nombre *cinq* (nombre de génératrices comportant des nœuds) et considérons le rapport 2/5. Ce rapport est ce qu'on appelle le *cycle foliaire* caractéristique du poirier, du pommier, du chêne, etc. Pour d'autres espèces, le cycle foliaire se définit de la même façon, mais il peut prendre d'autres valeurs que 2/5, telles que :

1/2 (notamment pour le tilleul et l'orme) ;
1/3 (notamment pour l'aulne).

Circonstance remarquable : les rapports 1/2, 1/3 et 2/5 pris dans cet ordre sont respectivement les rapports inverses des trois premiers termes de la série :

$$2/1,\ 3/1,\ 5/2,\ \ldots,\ u_n/u_{(n-2)},\ \ldots,$$

définie et étudiée précédemment (p. 77) et *dont le terme général tend vers* Φ^2.

III. — Le règne animal et l'homme

Parmi les *animaux* dont les formes ou structures sont liées à l'évidence au pentagone régulier étoilé, on peut citer notamment l'étoile de mer et l'oursin.

Mais c'est surtout à propos du *corps et du visage humains* que l'on invoque le nombre d'or. On avance généralement que, dès la plus lointaine Antiquité, les observateurs avaient remarqué :

— que le nombril divise le corps humain suivant le nombre d'or (ou, en termes plus précis, que le rapport de la hauteur totale du corps humain à la hauteur du nombril — rapport que nous désignerons par la lettre R — est égal au nombre d'or) ;
— que le rapport de la première phalange à la deuxième (ou de la deuxième à la troisième) est égal au nombre d'or, etc.

Tant que l'on se satisfait d'*à-peu-près*, on peut considérer de telles affirmations comme exactes. Mais peut-on se contenter d'à-peu-près, si l'on tient compte qu'il existe des nombres voisins, et même très voisins, du nombre d'or, dont l'essence, pourrait-on dire, est foncièrement différente ? Il faudrait disposer d'observations statistiques effectuées scientifiquement et scientifiquement interprétées. Or, dans les écrits consacrés au nombre d'or, les auteurs proposent moins des observations répondant à des exigences aussi légitimes, que des *canons* présentant d'ailleurs entre eux quelques différences.

L'un des plus célèbres de ces canons, souvent reproduit, est tiré d'un ouvrage allemand du XVIe siècle. On l'attribue à un certain Agrippa de Nettesheim.

Le haut de la tête et les extrémités des quatre membres sont disposés aux sommets d'un pentagone régulier étoilé inscrit dans un cercle. Le nombril est *très légèrement en dessous* du côté horizontal du pentagone. Pour autant qu'on puisse se fier à des mesures délicates et assez peu précises, il divise le diamètre vertical du cercle (sensiblement égal à la hauteur du corps) suivant une valeur du rapport R égale à 5/3 ou très voisine de ce nombre.

On retrouve approximativement cette même valeur de R sur un dessin non moins célèbre, dû à Léonard de Vinci (le corps humain est cette fois inscrit dans un carré).

Une autre valeur de R est parfois avancée, à savoir : 8/5.

On remarque que les deux rapports 5/3 et 8/5, qui encadrent le nombre Φ, figurent dans la série v_n associée à la série traditionnelle de Fibonacci (p. 76).

IV. — Les phénomènes de croissance chez les êtres vivants et dans les sociétés

1. On entend souvent *affirmer*, on lit souvent que les phénomènes en question sont justiciables, sinon du seul nombre d'or, du moins de la *série traditionnelle de Fibonacci*.

Cette série se voit ainsi attribuer une exclusivité méconnaissant le fait qu'il existe une infinité de séries de Fibonacci, dont les séries (v_n) associées ont toutes en commun, pour terme limite, le nombre d'or.

Une fois de plus, regrettons de ne pouvoir fonder une opinion sur un nombre suffisant de faits indiscutables (notamment de statistiques scientifiquement établies et interprétées).

Qu'on nous permette toutefois une *hypothèse de travail* d'ordre général : on pourrait supposer (sous réserve de vérifications effectives) qu'un très grand nombre de *faits élémentaires de croissance* ressortissent, non pas exclusivement à la relation particulière qui définit les séries de Fibonacci, à savoir :

[6] $$u_n = u_{(n-1)} + u_{(n-2)},$$

mais à la relation plus générale (p. 80) :

[13] $$u_n = mu_{(n-1)} + pu_{(n-2)},$$

ou même à la relation encore plus générale (p. 81) :

[14] $$u_n = mu_{(n-1)} + pu_{(n-2)} + qu_{(n-3)} \cdots$$

Dans cette hypothèse, les faits ou phénomènes *globaux* résulteraient d'une sommation plus ou moins complexe de faits élémentaires eux-mêmes plus ou moins complexes (pouvant se rattacher d'ailleurs à des séries distinctes).

2. On a indiqué précédemment que, dans certaines conditions, les séries définies par [13] se confondent, quand n augmente, avec une progression géométrique. Dans le cas où la relation [13] se particularise suivant la relation [6], la raison de la progression géométrique en question est le nombre d'or. ***Il ne faut pas en conclure que le nombre d'or soit en cause, chaque fois que se manifeste une croissance en progression géométrique.***

Exemple. — Supposons que le taux de croissance d'une certaine production soit de 10 % par an.

Soit P_n la production correspondant à une année quelconque de rang n.

Quel que soit n :

$$P_{(n+1)} = P_n \times 1{,}1.$$

Les productions successives P_1, P_2, ..., P_n, $P_{(n+1)}$... forment une progression géométrique de raison égale à 1,1. Bien entendu, un mode de croissance aussi simple n'est observable en pratique que pendant un petit nombre d'années (pour de faibles valeurs de n).

On peut étendre aux *croissances* (ou même décroissances) *exponentielles* ce qui vient d'être dit des croissances en progression géométrique et notamment ceci : de ce que *certaines* exponentielles se rattachent plus ou moins directement au nombre d'or, ne pas conclure à une règle générale.

La même prudence nous paraît de rigueur à l'égard des formes « spiralées », liées aux mécanismes de croissance, que l'on rencontre fréquemment, aussi bien dans le règne animal (coquillages, plumage du paon faisant la roue, etc.) que dans le règne végétal (capitule de la fleur de marguerite, etc.) : ne pas conclure hâtivement que toutes ces formes se trouvent sous la dépendance du nombre d'or.

Chapitre II

LES ARTS DE LA DURÉE

I. — Musique et nombre d'or

1. Intervalles musicaux et gammes. — On sait qu'il est commode de « mesurer » l'*intervalle* séparant deux *notes* de musique par le rapport des fréquences caractérisant respectivement la note la plus haute ou plus aiguë et la note la plus basse ou plus grave (rappelons que la *fréquence* d'un son musical simple est le nombre de vibrations par seconde correspondant au son considéré).

On sait d'autre part que les différentes notes qui se succèdent dans une mélodie ne présentent pas entre elles (si l'on met à part certaines recherches ou créations ressortissant à la musique contemporaine) des intervalles quelconques, mais des intervalles dont l'ensemble, convenablement ordonné, constitue une *gamme*.

Dans le cadre du présent ouvrage, nous nous proposons tout d'abord de mettre en évidence certains rapprochements entre le nombre d'or et l'une des gammes les plus célèbres, à savoir la gamme dite *naturelle*, que l'on appelle encore gamme des *physiciens* ou gamme de Zarlin. C'est le physicien vénitien Zarlin ou Zarlino (1517-1590) qui en fixa les caractéristiques.

Cette gamme est extrêmement voisine de la

gamme *diatonique majeure* des musiciens. Elle comporte cinq intervalles d'un *ton* (ut_1*-ré, ré-mi, fa-sol, sol-la, la-si*) et deux intervalles d'un *demi-ton* (*mi-fa, si-*ut_2) entre notes *consécutives*, la note ut_2 étant à l'*octave* de la note ut_1.

Si l'on considère d'autre part les intervalles respectifs entre les différentes notes et la note initiale ou *tonique*, soit ut_1, on constate que *quelques-uns* de ces intervalles sont mesurés par les premiers termes de la série $v_n = u_{(n+1)}/u_n$ associée à la série traditionnelle de Fibonacci (p. 76), à savoir :

— l'unisson (ut_1-ut_1) correspondant à 1/1 ;
— l'octave (ut_1-ut_2) — 2/1 ;
— la quinte juste (ut_1*-sol*) — 3/2 ;
— la sixte majeure (ut_1*-la*) — 5/3.

D'autre part, l'intervalle de *sixte mineure* (entre *mi* et ut_2) — complémentaire de l'intervalle de *tierce majeure* (entre ut_1 et *mi*) — a pour mesure 8/5, soit le terme suivant — très voisin du nombre d'or — de la série v_n en question.

Il convient de remarquer que ladite série v_n ne fournit pas une gamme de Zarlin complète : il y manque les intervalles de seconde majeure et de septième majeure.

En diésant ou bémolisant les notes de la gamme de Zarlin, on peut édifier une gamme *chromatique*, suite de douze demi-tons contenus dans une octave. La gamme *dodécaphonique* ainsi obtenue présente un grave inconvénient : les demi-tons qu'elle comporte n'ont pas une valeur unique, mais se répartissent entre deux valeurs distinctes. De ce fait, la *transposition* — opération de pratique courante qui permet de faire passer un texte musical d'une tonalité dans une autre — est impossible en toute rigueur. On surmonte cette difficulté — tout en renonçant à certaines qualités de la gamme de Zarlin — par l'usage d'une gamme *tempérée*, gamme comportant, sous sa variante chromatique, douze demi-tons rigoureusement égaux (le calcul montre que la mesure de l'intervalle d'un demi-ton est de $\sqrt[12]{2}$).

Une gamme tempérée régie par le nombre d'or. — Jusqu'à une époque toute récente et en ce qui concerne tout au moins la musique occidentale, la gamme de Zarlin et la gamme tempérée qui vient d'être définie ont eu la faveur des compositeurs. Certains ont cru pouvoir justifier cette faveur en rattachant ces gammes au nombre d'or grâce à des calculs ingénieux (qui peuvent apparaître à d'autres comme de simples artifices mathématiques) (1).

D'un autre côté, des recherches personnelles nous ont montré qu'il est possible de concevoir une *gamme tempérée directement liée au nombre d'or* (il s'est agi pour nous d'un simple exercice, instructif toutefois, qui pourrait d'ailleurs s'appuyer sur d'autres nombres).

Nous sommes ainsi parvenu — au bout d'une analyse sur laquelle nous ne nous étendrons pas — à une gamme tempérée *décaphonique* (et non plus dodécaphonique). Chacun des *dix* intervalles élémentaires contenus dans l'équivalent d'une octave, a pour valeur :

$$\sqrt[10]{2} \simeq 1{,}0718.$$

Il se trouve (pure coïncidence) que ce nombre est extrêmement voisin (l'écart est négligeable) de :

$$\sqrt[7]{\Phi} \simeq 1{,}07115.$$

(1) Le lecteur que les tentatives de ce genre intéressent pourra se reporter à Matila C. Ghyka, *Essai sur le rythme*, Gallimard.

2. **Rythmes musicaux.** — Les rapports 2/1 et 3/2 sont constamment présents dans les mesures traditionnelles dites « à deux temps » et « à quatre temps », d'une part, « à trois temps », d'autre part.

Le rapport 5/3 se rencontre normalement dans les mesures « à cinq temps ».

On découvre le rapport 8/5, superposé à d'autres rapports, dans certains éléments rythmiques relativement complexes de la musique occidentale traditionnelle. Les rythmes encore plus complexes des musiques orientales ou du jazz en usent enfin couramment.

Remarquons, une fois encore, que ces rapports se rattachent à la série traditionnelle de Fibonacci.

3. **Structure des compositions.** — Très fréquemment, une composition musicale juxtapose deux parties successives de durées inégales (il en est parfois de même dans le domaine de la poésie). Il arrive à des compositeurs de faire en sorte, consciemment ou non, que les deux durées (chacune d'elles étant mesurée par le nombre de mesures qu'elle contient) soient entre elles, avec plus ou moins de précision, comme le nombre d'or. Ce fut ainsi le cas avec Bela Bartok.

Bien entendu, les structures musicales peuvent être beaucoup plus compliquées et faire jouer le nombre d'or d'une grande variété de façons.

II. — Le nombre d'or en poésie

1. **Rythmes poétiques.** — Il est aisé de rattacher de nombreux rythmes poétiques aux différentes séries de Fibonacci (particulièrement à la série traditionnelle).

Ainsi, le rapport 2/1 régit un vers pair coupé à

l'hémistiche (on peut également rattacher ce rythme au rapport 1/1) ou encore deux vers qui se suivent dont les mesures respectives, comptées en nombres de pieds, sont entre elles comme *deux* et *un* (par exemple, un alexandrin suivi d'un semi-alexandrin).

Le rapport 3/2 peut se rencontrer, à l'intérieur d'un vers, sous l'effet d'une césure, ou encore dans la réunion de deux vers dont les mesures respectives sont comme *trois* et *deux* (par exemple, un alexandrin suivi d'un octosyllabe).

Le rapport 5/3 est présent, par exemple, dans un doublet formé d'un vers de *dix* pieds suivi d'un vers de *six* pieds.

Quant au rapport 8/5 — très voisin du nombre d'or —, il exige un vers de *treize pieds* (avec une césure convenablement placée) ou encore un vers de *huit* pieds suivant (ou précédant) un vers de *cinq* pieds, etc. Jusqu'à une époque relativement récente, ce rapport n'avait guère la faveur des poètes (peut-être en raison de l'impression d'instabilité qu'il donne). De nos jours, différents poètes — comme Armand Godoy, André Blanchard — en ont fait un large usage.

Si l'on remonte dans le passé, on peut citer un poème de Baudelaire rythmé en 8/5 (il existe sans doute d'autres exemples). Il s'agit du poème intitulé « le serpent qui danse », lequel figure dans *Les fleurs du mal.*

Que j'aime voir, chère indolente,
De ton corps si beau,

. . . .

Il y a quelques difficultés à interpréter correctement — si l'on veut jouer le jeu — le poème en question. Le rythme 8/5 est tellement ardu à saisir que l'interprète a tendance à « étirer » le vers de cinq pieds, de façon à lui donner la même durée que celle d'un vers de six pieds. Si l'interprète réagit victorieusement contre cette tendance, il ressentira le charme un peu insolite de ce rythme instable.

Bien entendu, le poète qui userait d'un doublet constitué par un vers de treize pieds accouplé à un vers de huit pieds, « frôlerait » de plus près encore le nombre d'or.

Les rapports qui viennent d'être considérés se rattachent à la série traditionnelle de Fibonacci. Les rapports 7/4 et 11/7 se rattachent de leur côté, ainsi que nous l'avons reconnu (p. 74), à une autre série de Fibonacci. Le poète Jacques G. Krafft, un virtuose de l'hendécasyllabe en a largement usé.

2. **Structure arithmétique des poèmes.** — Certains affirment que toute composition harmonieuse — qu'il s'agisse d'un poème ou de toute autre composition artistique — implique deux divisions *inégales*. Sans nous arrêter à ce que cette affirmation, lorsqu'on lui confère une valeur absolue, renferme de discutable et parfois même d'inexact (1), examinons quelques structures satisfaisant à ce caractère d'inégalité.

Il existe un poème à forme fixe, dont la structure se mesure par 8/5. C'est le *rondel* : deux groupes de quatre vers (que l'on peut supposer réunis), suivis d'un groupe de cinq vers.

Le *sonnet* — un groupe de deux quatrains suivi d'un groupe de deux tercets — se mesure par le rapport 8/6, lequel se simplifie en 4/3. Il peut, comme le rondel, se rattacher au nombre d'or,

(1) Exemple : d'admirables poèmes de Mallarmé, comme *Soupir* et *Sainte*, sont formés de deux parties égales.

quoique d'une façon beaucoup moins directe. Sous la même désignation de sonnet, nous avons rencontré un poème de Gabriel d'Annunzio — intitulé *Sonetto di calen d'aprile* — formé d'un groupe de deux sixains suivi d'un groupe de deux quatrains. Cette structure est mesurée par le rapport 12/8 qui se simplifie en 3/2.

Les aptitudes respectives du rondel et du sonnet traditionnel sont-elles liées à leurs rapports caractéristiques ? On nous permettra de hasarder une théorie. Toutes choses égales d'ailleurs, le sonnet unirait le dynamisme à la stabilité en un système plus viril (caractères liés au rapport relativement simple : 4/3). Cependant, le rondel, plus instable, plus féminin (par le fait du rapport moins simple : 8/5), pourrait être mieux adapté à certains mouvements de l'âme, à certaines émotions. Au lecteur d'apprécier — s'il le juge intéressant — la théorie en question, en comparant des sonnets consacrés (il n'en manque pas) et des rondels (de Charles d'Orléans, par exemple).

Chapitre III

LES ARTS DE L'ESPACE

I. — Observations et expériences

Il n'est pas surprenant que le musicien ou le poète, animé du souci de varier ses intervalles ou ses rythmes, rencontre des rapports numériques très voisins du nombre d'or, comme le rapport 8/5, ou beaucoup plus fréquemment encore des rapports figurant dans les séries en $v_n = u_{(n+1)}/u_n$, associées aux séries de Fibonacci (p. 75).

C'est que le musicien ou le poète opère dans le *discontinu arithmétique*, lequel n'offre qu'un nombre limité de rapports utilisables — parce que simples — en pratique.

Au contraire, le domaine de l'architecte ou du peintre est le *continu géométrique* aux combinaisons infinies. Il y a donc très peu de chances pour qu'il tombe *par hasard* sur une combinaison régie plus ou moins directement par le nombre d'or. Il est vrai que certains affirment que le nombre d'or est présent dans toute composition artistique digne de ce titre, par l'effet de ce qu'on pourrait appeler l'*instinct du nombre d'or*, c'est-à-dire une impulsion d'origine esthétique que l'artiste — l'être humain en général — subirait consciemment ou non, même s'il ignore tout des propriétés mathématiques du nombre d'or.

Une telle affirmation devrait s'appuyer sur des preuves tirées d'observations et d'expériences ressortissant à la psychologie. Or, le moins qu'on puisse dire est que, jusqu'à présent, de telles preuves font le plus souvent défaut. On conçoit d'ailleurs que, dans un domaine aussi complexe, les observations et expériences soient difficiles à mettre en œuvre et à interpréter de façon indiscutable. L'entreprise suppose en effet un nombre important d'épreuves variées, exploitées selon les méthodes rigoureuses de l'analyse *statistique*.

Dans ce qui suit, nous essaierons de présenter quelques faits, en insistant sur leur caractère fragmentaire, et à titre purement indicatif.

1. Les expériences de Fechner. — On invoque fréquemment le témoignage du philosophe allemand Fechner (1801-1887), l'un des fondateurs de la psychophysique.

Fechner eut l'idée de soumettre au jugement de quelques centaines de personnes des deux sexes, choisies sans précautions particulières, une gamme de rectangles plus ou moins allongés. Chacun des sujets devait indiquer la forme de rectangle ayant sa préférence.

Les expériences mirent en évidence une préférence statistique assez nette en faveur d'un rectangle dont les longueurs respectives du grand et du petit côté étaient entre elles comme 34 et 21. Caractérisons ce rectangle par son coefficient de forme k (p. 49), c'est-à-dire le rapport de son grand côté à son petit côté. Ce rapport ($34/21 = 1{,}619...$) est très voisin du nombre d'or. En d'autres termes, cette forme privilégiée de rectangle est très voisine du rectangle « Φ » (p. 55).

Malheureusement, les résultats obtenus par Fechner sont loin de recueillir un assentiment général de la part des esthéticiens. Cette simple circonstance incite à les considérer pour le moins comme douteux.

On relève notamment que les sujets interrogés étaient cantonnés dans un rôle passif (on leur demandait de choisir entre des rectangles imposés et non point de construire un rectangle de leur choix).

Mais le motif le plus sérieux de suspicion à l'égard des expériences de Fechner résulte de la remarque suivante : si le rectangle « Φ » — ou un rectangle voisin — est véritablement le plus esthétique, comment se fait-il — circonstance dûment constatée — que les peintres l'aient aussi rarement utilisé en tant que *rectangle d'encadrement* des tableaux ? Ou bien faudrait-il admettre que le jugement d'individus quelconques prévale sur celui d'artistes consacrés ?

Fechner lui-même s'était aperçu de cette anomalie.

2. **Les formes des tableaux.** — Nous porterons uniquement notre attention sur des tableaux composés à l'intérieur d'une forme *rectangulaire* d'encadrement (cas extrêmement répandu), forme que nous caractériserons par le rapport k du grand côté au petit côté. Les dimensions absolues des tableaux n'interviennent pas dans l'analyse qui suit.

Il est instructif d'effectuer sur un certain nombre de tableaux de maîtres, le recensement des valeurs de k qui les caractérisent. L'opération présente des difficultés si l'on veut opérer directement sur les tableaux d'un musée (comme le fit, paraît-il, Fechner). Elle est à la portée de chacun si l'on opère sur des reproductions. Dans ces conditions, on ne peut espérer atteindre que des résultats approximatifs : la présence d'un cadre peut notamment altérer les proportions respectives du grand et du petit côté (toutefois, on peut penser qu'en opérant sur un nombre suffisamment grand d'individus, des compensations entreront en jeu). Quoi qu'il en soit, de telles entreprises sont légitimes si l'on en attend simplement des *ordres de grandeur*. Or, pour tout ce qui touche au nombre d'or, les ordres de grandeur manquent fréquemment ou sont donnés sans justification sérieuse.

En considération des remarques qui précèdent, nous nous permettons de soumettre à l'appréciation du lecteur les résultats essentiels d'une enquête à laquelle nous nous sommes livré personnellement, portant sur des reproductions de 165 tableaux célèbres, anciens et modernes, ressortissant aux différentes écoles européennes.

Les valeurs de k recensées se répartissent entre 1 et 2 (on a écarté du recensement les cas tout à fait exceptionnels où k est égal ou supérieur à 2). Leur moyenne arithmétique est voisine de 4/3, nombre assez éloigné du nombre d'or, encore que ce dernier soit représenté par de glorieuses exceptions, comme *La naissance de Vénus* de Botticelli (au degré près d'incertitude des mesures). Cette valeur moyenne tient compte d'une certaine dispersion vers les valeurs extrêmes 1 et 2. Elle n'exclut pas l'existence de zones de concentration. Ainsi, plus du tiers des valeurs de k recensées sont comprises entre 1,20 et 1,30 (on peut dire que ce *tiers* correspond à des rectangles *particulièrement probables*). Il s'y trouve — le fait est intéressant, sans qu'il y ait lieu toutefois d'y attacher une importance exagérée — le nombre $\sqrt{\Phi} = 1,272...$, correspondant à un rectangle étudié en détail précédemment (p. 59). On peut noter à ce propos que l'œil est habitué à la forme en question, laquelle se rencontre assez fréquemment parmi les objets qui nous entourent (elle est notamment très voisine de celle du papier commercial dit de format « 21×27 ») Contrairement à une opinion souvent exprimée, le rectangle « Φ » s'observe beaucoup plus rarement.

3. Une autre expérience : division d'un segment de droite. — On entend fréquemment affirmer que, si l'on cherche à diviser — sans intention particulière préméditée (en d'autres termes, spontanément) — un segment de droite donné en deux parties *inégales*, le rapport de la longueur du plus grand des segments partiels à la longueur du plus petit est égal au nombre d'or, aux incertitudes près de la vision et du dessin.

Faute de trouver, dans les écrits traitant du nombre d'or, autre chose qu'une simple affirmation à cet égard, nous avons pris le parti d'expérimenter par nous-même. Nous nous proposons de présenter ci-après l'expérience sommaire à laquelle nous nous sommes livré. Il est possible que des expériences analogues aient été faites. De toute façon, en matière de recherche expérimentale, il est toujours profitable de recommencer les expériences les mieux conduites et les mieux exploitées.

A) *Mode opératoire.* — L'expérience a comporté une suite d'opérations « enfantines » que nous croyons devoir définir avec un peu de minutie.

Nous sommes parti d'un segment de droite *horizontal*, tel que AB (fig. 19).

Fig. 19

Sur ce segment, nous avons marqué d'*instinct*, selon notre goût du moment, un trait de division (désigné par la lettre C). Nous nous *imposions* toutefois de former ainsi deux segments partiels *inégaux*, le plus grand de ces segments étant placé à gauche (à noter que, lors du partage d'un segment de droite en deux tronçons, la tendance naturelle est le plus souvent à l'égalité).

Nous avons ensuite mesuré les longueurs AC et AB et calculé le rapport $1/k$ défini par :

$$\frac{1}{k} = \frac{AC}{AB}.$$

Telle fut la *première épreuve*.

Nous avons recommencé, en veillant au strict respect des « règles du jeu » ci-dessus, mais en faisant varier *le segment AB d'une épreuve à l'autre*, en sorte que, d'une épreuve à l'autre, il ne s'exerce — dans toute la mesure du possible — aucune influence (en particulier, la longueur AB a pu varier entre quelques centimètres et plus d'un mètre).

B) *Résultats.* — L'expérience — qui appelle un certain nombre de réserves — a comporté 59 épreuves. Les résultats en sont résumés dans un histogramme (fig. 20) pour l'établissement duquel les différentes épreuves ont été réparties en tranches, suivant les valeurs correspondantes de $1/k$ (il s'est révélé que toutes ces valeurs se sont trouvées incluses dans une zone limitée par les valeurs extrêmes : 0,592 et 0,690).

La figure 20 met en évidence à la fois la *concentration* des valeurs de $1/k$ en même temps que leur *dispersion* (c'est-à-dire la façon dont elles s'écartent les unes des autres). La moyenne arithmétique des 59 valeurs obtenues est d'autre part égale à :

0,6196.

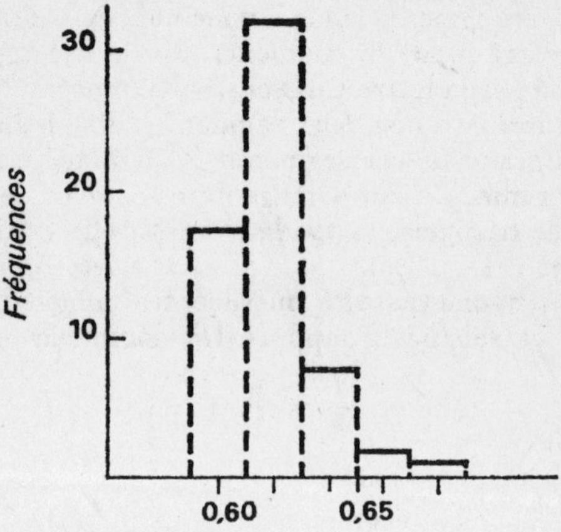

Fig. 20. — Valeurs de 1/*k*

Cette valeur moyenne — correspondant à une épreuve qui prendrait place dans la deuxième tranche, laquelle comporte 32 épreuves effectives — *est très voisine de 0,618...* Or, cette dernière valeur correspond rigoureusement à une division suivant le nombre d'or.

C) *Observations et réserves.* — Gardons-nous de considérer les résultats d'une expérience *unique* comme une vérité d'ordre général dûment prouvée. Cette expérience appelle d'ailleurs un certain nombre d'observations et de réserves. Les « règles du jeu » adoptées, quoique nécessaires, sont forcément restrictives et d'autres règles auraient pu être retenues.

Il n'est pas sûr, en dépit des précautions prises, que les différentes épreuves aient été réellement indépendantes les unes des autres et le « coefficient personnel » de l'opérateur (en l'occurrence nous-même) a forcément joué.

Enfin, le nombre total d'épreuves, à savoir 59, est beaucoup trop petit pour autoriser des certitudes, même partielles. Nous croyons toutefois que la méthode utilisée (ou une méthode analogue) pourrait servir à beaucoup plus grande échelle. On objectera que de telles expériences, en admettant qu'elles conduisent à quelques résultats sûrs (en tout état de cause, au prix d'un travail non négligeable), ne représentent que de petites choses. Toutefois, s'il existe un jour une esthétique positive, elle sera fondée sur un grand nombre de résultats lesquels, séparément, n'auraient guère d'importance.

II. — Le nombre d'or au service des artistes

1. Le secret. — Combien serait plus facile la tâche des esthéticiens-géomètres si les artistes (peintres, graveurs, architectes, etc.), tant du passé que du présent, avaient pris ou prenaient la peine de justifier explicitement les structures de leurs compositions ! La grande incertitude qui règne le plus souvent sur leurs intentions ressortit à des causes diverses.

L'une d'entre elles tient à ce que beaucoup d'artistes créent (ou déclarent créer) d'instinct et sont, de ce fait, incapables de formuler les règles auxquelles ils obéissent, souvent indifférents à ces règles.

Autre cause qui répond à un souci compréhensible : comme tout créateur dans quelque domaine que ce soit, l'artiste répugne à dévoiler les « secrets » qu'il détient, même s'il s'agit de simples « astuces » de métier qu'il a découvertes et qui lui ont réussi.

Toutefois, il arrive que l'artiste rompe plus ou moins ouvertement avec l'attitude habituelle de discrétion et livre ainsi publiquement, de façon plus ou moins directe, ce qu'on pourrait appeler une *méthode*. Il existe alors de sérieuses *présomptions* que ce même artiste (ainsi que ceux qui appartiennent à la même école) ait tenté d'appliquer cette méthode (encore qu'il puisse être muet à l'égard de ses œuvres prises chacune en particulier). Cette remarque peut s'appliquer à ceux dont on sait qu'ils se sont intéressés au nombre d'or. Ce fut notamment le cas, à l'époque de la Renaissance, de Piero della Francesca, de Léonard de Vinci, d'Albert Dürer. Ce fut aussi le cas, à notre époque, du peintre Sérusier et de l'architecte Le Corbusier (pour se limiter à deux exemples).

2. Modalités d'utilisation du nombre d'or : quelques aperçus. — Il va de soi que tout artiste possède *a priori* le droit d'utiliser comme bon lui semble les moyens que la géométrie (ou tout autre instrument) met à sa disposition. Seul compte le résultat.

Nous nous proposons dans ce qui suit de tenter une analyse — qui ne peut être exhaustive — des modalités suivant lesquelles la *géométrie du nombre d'or* est susceptible d'être utilisée ou est utilisée effectivement, nous abstenant de tout jugement d'ordre esthétique sur tel ou tel procédé.

A) Il convient de rappeler en premier lieu que certains artistes et non des moindres ignorent absolument tout de la géométrie du nombre d'or et ne s'en soucient guère.

Est-ce à dire que le nombre d'or sera fatalement exclu de leurs compositions ? Il n'est pas impossible qu'ils s'y soumettent d'instinct (p. 98), encore que nos connaissances actuelles, à la fois très réduites et discutables, ne permettent aucune certitude à cet égard. Tout au plus peut-on penser que tous les artistes ont dans l'esprit et dans l'œil les premiers termes, qui sont des rapports simples, de la série en $v_n = u_{(n+1)}/u_n$ associée à la série traditionnelle de Fibonacci, à savoir les rapports 3/2, 5/3, etc. D'un autre côté, les schémas géométriques des polygones les plus simples (et notamment des pentagones réguliers) leur sont également familiers.

En contrepartie, d'autres artistes, mieux informés des ressources que leur offrent le nombre d'or et la série en v_n considérée, utilisent consciemment (parfois systématiquement) ces ressources, soit pour édifier l'ossature d'une composition, soit pour rectifier en la consolidant une ossature conçue d'un premier jet.

Enfin, utilisation plus savante et plus subtile, la composition peut être « assise » sur les nombreuses figures géométriques liées au nombre d'or. Une présentation détaillée de certaines de ces figures (pentagones et décagones réguliers, triangles, rectangles, etc.), particulièrement significatives, a été effectuée dans la deuxième partie du présent ouvrage. On peut évidemment tirer desdites figures, à l'aide de combinaisons et transformations géométriques classiques (symétrie ou homothétie, par exemple), des schémas plus ou moins riches et complexes, d'une variété pratiquement infinie. On peut en outre concevoir de nombreuses autres structures, rectilignes et même curvilignes.

Ci-après, quelques exemples, pris parmi beaucoup d'autres et non limitatifs, d'utilisation possible, souvent effective, du nombre d'or.

B) L'artiste a fréquemment, sauf impératifs contraires (tenant, par exemple, à l'emplacement dont il dispose), la faculté d'encadrer ses compositions par des « rectangles du nombre d'or », rectangles dont il existe, nous l'avons montré, toute une variété (1). Une liste — non limitative d'ailleurs — en a été donnée, étant reconnu que certaines formes paraissent plus particulièrement en faveur (telles que le rectangle « $\sqrt{\Phi}$ », ainsi qu'il ressort de notre enquête sur les formes des tableaux).

C) L'artiste (architecte, peintre, etc.) peut « moduler » une composition, à partir de segments de droite dont les longueurs forment une progression géométrique de raison égale au nombre d'or Φ. Ce type de progression géométrique possède des propriétés remarquables (p. 71) : à condition de « s'avancer » dans le sens des valeurs croissantes, un terme quelconque est la somme des deux termes consécutifs qui le précèdent. Pour définir sans ambiguïté une certaine suite ressortissant au type considéré, il suffit d'en fixer un terme quelconque, qui sert de *module de base*. Les autres termes, dont les valeurs sont les unes inférieures, les autres supérieures au module de base, s'en déduisent par des calculs élémentaires. C'est de cette façon que l'architecte Le Corbusier édifie son célèbre *Modulor*, dont il déclare lui-même que c'est « un outil de travail, un outil précis » ou encore « un clavier, un piano, un piano *accordé* ».

D) A partir d'un rectangle d'encadrement donné, on peut marquer sur les côtés des points de division liés au nombre d'or. Ces points sont ensuite reliés entre eux par des segments de droite verticaux, horizontaux, obliques. On obtient ainsi, selon la volonté de l'artiste, des réseaux de droites et de nœuds (aux intersections des droites) qui fixent,

(1) Bien évidemment, le choix d'une forme fait souvent intervenir des considérations autres qu'esthétiques (emplacement offert à l'artiste, par exemple).

dans une ossature cohérente et non gratuite, les lignes et points importants de la composition. Il semble que cette « recette » ait été suivie à différentes époques. Elle l'est effectivement à la nôtre par des peintres, architectes, etc.

La figure 21 est une illustration, parmi beaucoup d'autres, de ladite recette. Partant d'une certaine forme — d'ailleurs quelconque — de rectangle, on a figuré trois réseaux de plus en plus complexes, régis par le nombre d'or suivant les relations :

$$\frac{AB}{AE} = \frac{BA}{BF} = \Phi ;$$

$$\frac{AD}{AG} = \frac{DA}{DH} = \Phi.$$

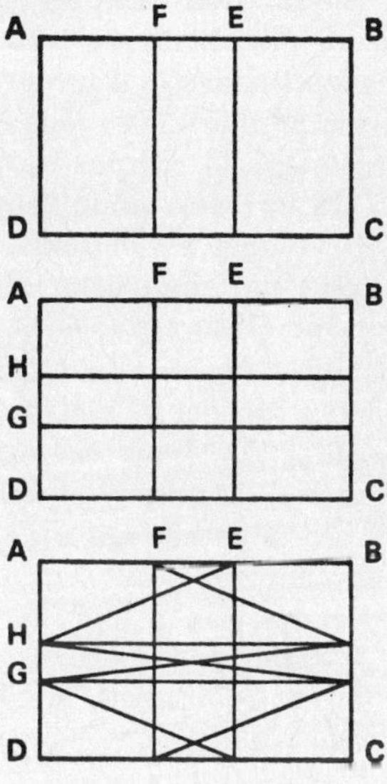

Fig. 21

E) D'autres structures seront présentées ci-après (comportant notamment le recours aux pentagones réguliers), à l'occasion d'analyses détaillées portant sur quelques œuvres choisies à cet effet.

Il ressort des considérations qui précèdent que,

d'une façon générale, les possibilités offertes aux artistes sont pratiquement illimitées, s'agissant d'édifier des structures géométriques liées au nombre d'or (ou d'ailleurs à d'autres nombres). D'un autre côté, la recherche de telles structures peut constituer pour l'artiste une fin en soi, en raison de la richesse esthétique dont certaines d'entre elles sont susceptibles.

3. **Instruments.** — Ci-après, quelques indications sur divers *instruments*, d'une utilisation commode en pratique, dont disposent les artistes et esthéticiens (à l'occasion de constructions nouvelles ou de vérifications sur une composition donnée).

Un instrument très répandu — d'un usage très ancien — est le *compas de proportion*, lequel peut être réglé une fois pour toutes de façon à fournir, selon la volonté de l'opérateur, une grande variété de couples de longueurs, les longueurs d'un couple quelconque étant entre elles comme le nombre d'or.

Signalons encore un compas, dû à M. Marcel Guillard, exposé au Palais de la Découverte à Paris, qui permet d'obtenir des suites de cinq longueurs en progression géométrique de raison Φ.

Remarquable est enfin l'existence d'instruments anciens (équerres, règles, niveaux, etc.) dont les formes et les dimensions, ainsi que certains repères qu'ils comportent, permettent d'obtenir aisément des figures (rectangles, pentagones réguliers) liées au nombre d'or (1). Cette existence constitue une preuve — parmi d'autres — difficile à réfuter, de l'usage du nombre d'or par les artistes du Moyen Age et de la Renaissance.

(1) Elisa MAILLARD, *Les Cahiers du Nombre d'Or*, I : *Albert Dürer* ; II : *Eglises des douzième au quinzième siècles.*

III. — L'étude des œuvres

L'esthétique positive peut se manifester non seulement à l'occasion d'observations et d'expériences ressortissant à la psychologie, mais aussi par l'*analyse directe* des chefs-d'œuvre reconnus de l'architecture, de la peinture, de la gravure, etc.

On se propose alors, s'agissant d'une œuvre donnée, de rechercher un *schéma géométrique* — une sorte de schéma de principe — sur lequel reposerait la composition. On désigne fréquemment les schémas de l'espèce par l'expression de *tracés régulateurs*

1. Les tracés régulateurs : considérations d'ordre général. — A) On peut tenir pour assuré qu'à toutes les époques, de nombreux artistes ont fondé consciemment leurs compositions sur des ossatures géométriques (combinaisons de figures géométriques) rigoureusement établies. C'était peut-être, pour de tels artistes, un moyen de s'imposer librement de ces *contraintes* dont Paul Valéry estime qu'elles sont indispensables, même si elles sont arbitraires, voire absurdes. Le rôle du chercheur est alors de déceler et de caractériser les ossatures en question, sans qu'il puisse compter, en règle générale, sur le secours du créateur.

Mais le chercheur peut légitimement étendre son champ d'action à toute composition artistique digne de ce qualificatif, dans l'hypothèse où le créateur, *consciemment ou non*, aurait eu recours à une structure géométrique plus ou moins complexe, plus ou moins précise.

Ce droit étant acquis, le chercheur doit, à notre avis, même s'il se réfère plus particulièrement au nombre d'or, envisager différentes éventualités :

— ou la structure qu'il analyse est liée au nombre d'or ;

— ou cette structure est liée à d'autres nombres que le nombre d'or, par exemple, les nombres $\sqrt{2}$ et $\sqrt{3}$, qui « commandent » respectivement le carré et le triangle équilatéral ;
— ou la structure ressortit à la fois au nombre d'or et à d'autres nombres.

B) La recherche d'un tracé régulateur peut être effectuée suivant deux *méthodes* (lesquelles sont d'ailleurs utilisables conjointement).

La première méthode, qu'on pourrait qualifier d'*inductive*, consiste à dégager en *premier lieu*, les nœuds et lignes essentiels de la composition étudiée. On recherche *ensuite* si le réseau ainsi obtenu peut être rattaché ou non à tel nombre, à telle figure géométrique.

La deuxième méthode, qu'on pourrait qualifier de *déductive*, part d'un réseau géométrique obtenu après des tâtonnements plus ou moins longs (où interviennent l'habileté du chercheur, son expérience et son flair) et à vérifier *ensuite* que ledit réseau rencontre *tous* les nœuds essentiels et englobe *toutes* les lignes essentielles.

Il n'échappera pas au lecteur que, dans la mise en œuvre de telle méthode, intervient le « coefficient personnel » du chercheur. Ainsi, il entre toujours plus ou moins d'arbitraire dans la reconnaissance des lignes essentielles d'une composition (le chercheur doit, à cette occasion, éviter le piège de plier son choix à des idées préconçues).

Il n'y a donc pas lieu de s'étonner qu'à propos d'une œuvre donnée, différents tracés régulateurs puissent être proposés. S'il en est ainsi, on se trouve en présence d'explications surabondantes, qui peuvent être parfois incompatibles, au moins en théorie

Une telle situation peut d'ailleurs découler d'une autre cause, à savoir que les nombres qui « gouvernent » les figures de la géométrie élémentaire, et notamment les polygones réguliers, sont liés entre eux par une grande variété de relations *approchées*.

Le fait que plusieurs « théories » distinctes soient susceptibles d'expliquer *pratiquement* la même œuvre, ne condamne pas, à notre avis, la recherche de tracés régulateurs. Nous sommes même enclin à penser que des explications multiples, à la condition qu'elles soient solidement étayées, font la preuve de la richesse d'une œuvre. Toutefois, il faut se garder, sauf présomptions sérieuses, d'attribuer au créateur telle explication — telle interprétation — plutôt que telle autre.

Nous illustrerons les considérations précédentes par l'exemple de la *pyramide de Chéops*. D'autre part, nous donnerons des diagrammes d'œuvres d'art, établis et commentés par Mlle Elisa Maillard.

2. **Exemple : la pyramide de Chéops.** — *a)* C'est une pyramide à base carrée (horizontale), le sommet étant sur la perpendiculaire (verticale) à la base, élevée du centre du carré.

La forme et les dimensions d'une telle figure géométrique sont parfaitement déterminées si l'on connaît :

— le côté du carré ;

la hauteur du sommet au-dessus de la base.

On conçoit qu'il soit difficile, à notre époque, de connaître en toute exactitude, les dimensions qu'avait le monument à l'époque de la construction. Cependant, en tenant compte de l'usure des siècles,

les spécialistes seraient d'accord sur les dimensions « à l'origine » suivantes :

— côté du carré : 440 coudées royales (1) ;
— hauteur du sommet : 280 coudées royales.

b) La figure 22 donne une perspective de la pyramide de Chéops.

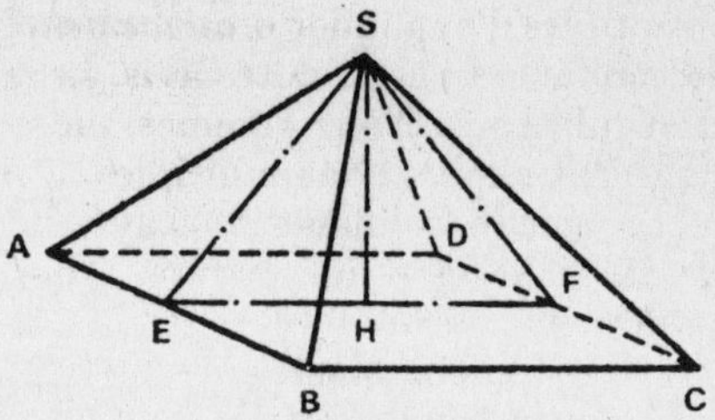

Fig. 22

Le carré ABCD est la base (de centre H).

Le point S est le sommet, la droite SH est la hauteur. Les points E et F sont respectivement au milieu des côtés AB et CD.

Le triangle isocèle ESF est la juxtaposition des deux triangles rectangles SHE et SHF. Cette forme de triangle rectangle — *que nous désignerons par (TR4)* — peut être caractérisée par le rapport k du grand côté au petit côté de l'angle droit, soit :

$$k = 1{,}27272...$$

Ce nombre est extrêmement voisin de la valeur $k = 1{,}27201...$, caractéristique de *la forme (TR3)*, étudiée précédemment (p. 59), dont on rappellera une propriété parmi d'autres : le rapport de l'hypo-

(1) La *coudée royale*, unité de longueur utilisée dans l'Egypte ancienne, est très voisine de 0,52 m.

ténuse au petit côté de l'angle droit est égal au nombre d'or Φ. Il en résulte que *les formes (TR3) et (TR4) sont impossibles à distinguer en pratique, encore qu'elles diffèrent nettement du point de vue théorique.*

c) Différentes *thèses* ont été avancées, qui peuvent prétendre à expliquer la pyramide de Chéops. *Deux* de ces thèses, parmi d'autres, se fondent sur les deux formes de triangles rectangles qui viennent d'être considérées.

La thèse fondée sur la forme (TR4) — caractérisée par 1,27272... — comporte une construction simple. Elle serait conforme aux dimensions « à l'origine » admises de nos jours. D'autre part, les nombres 280 et 440 qui fixent ces dimensions, auraient pu être choisis pour des motifs d'ordre arithmologique.

La thèse fondée sur la forme (TR3) — caractérisée par 1,27201... — a pour elle un témoignage prêté à l'historien grec Hérodote. Ce dernier aurait appris, des prêtres égyptiens, que les proportions de la pyramide de Chéops étaient telles que le carré construit sur la hauteur comme côté, avait une aire égale à celle de l'une quelconque des faces latérales triangulaires. Un calcul simple montre que, s'il en est ainsi, le rapport SE/HE ou SF/HF (fig. 22) est rigoureusement égal au nombre d'or.

De ce que les deux formes correspondant aux deux thèses en question sont pratiquement indiscernables ou très voisines l'une de l'autre, certains spécialistes ont pu affirmer — au grand scandale d'autres spécialistes — que les Egyptiens ont, dans la pyramide de Chéops, *fait usage du nombre d'or sans le savoir.* On peut aussi se demander si les Egyptiens étaient en mesure de distinguer, comme nous pouvons le faire aujourd'hui, les différences théoriques entre les deux thèses en présence.

IV. — Diagrammes d'œuvres d'art expliqués par Elisa Maillard (1)

Il serait combien souhaitable que soit développée l'étude des effets esthétiques conférés, par la Géométrie du Nombre d'Or, à une multitude d'œuvres jalonnant, depuis la plus haute Antiquité, l'histoire de l'art ; qu'il s'agisse de celles de l'espace à trois dimensions (l'architecture) ou de celles de l'espace à deux dimensions (la fresque, les tableaux, les gravures, les dessins). Déceler toutes les causes de la beauté d'une composition est une satisfaction pour l'esprit. Cette satisfaction, nous voudrions essayer de l'offrir aux lecteurs de ce petit ouvrage, en leur montrant des diagrammes apparus au cours d'études minutieuses et souvent très longues. Si quantité d'artistes ont, avec plus ou moins de talent, recouru à des schémas universellement usités, il en fut qui, doués du génie de « L'Art de Géométrie », innovèrent, variant leurs diagrammes en fonction des exigences du thème à illustrer. Botticelli fut l'un d'eux ; c'est pourquoi nous allons donner l'essentiel de la géométrie de son célèbre tableau, *La Naissance de Vénus*, étudié en détail dans notre *Cahier* consacré à son auteur.

Le format de ce petit livre ne nous permet pas de donner un exemple d'église — qui ne serait probant qu'en faisant apparaître liaison entre plan et élévations. D'autre part, le mode de reproduction (au trait) ne permet pas de montrer des peintures ; nous avons donc choisi une gravure aux traits largement dessinés et un dessin à la plume.

Vierge à l'Enfant. Gravure par un maître du nord de la France. Vers 1425.

Les diagonales de la superficie encadrée tracent les côtés de deux triangles aux sommets de 108° (2). Deux triangles identiques sont basés sur la médiane. Un cercle, sécant des intersections des côtés des triangles, encadre le visage de la Vierge et l'Enfant. Pour ne point déflorer le visage de la Vierge, un pentagone étoilé, inscrit dans ce cercle, n'est point complètement dessiné ; mais signifiantes sont l'horizontale, sous le menton de la Vierge et la diagonale sur laquelle l'Enfant

(1) Les diagrammes et commentaires figurant sous ce titre sont entièrement de la main de Mlle Elisa Maillard, à l'exception des notes en renvoi destinées à faciliter d'utiles raccordements avec les différentes parties de l'ouvrage.

(2) Il s'agit de la forme de triangle isocèle, que nous avons désignée par le symbole (T12), telle que le rapport de la base au côté latéral est égal au nombre d'or (p. 41).

est couché, son ombilic est marqué par une intersection. La diagonale de l'une des moitiés de la superficie passe sur le front de la Vierge, avant de traverser le visage de l'Enfant, l'autre diagonale limite le visage de la Vierge.

Hercule domptant le taureau de l'Ile de Crète. Etude à la plume par T. Géricault (1791-1824) (Musée du Louvre).

Une circonférence enserre étroitement Hercule et le taureau dont seules deux jambes dépassent. Attitudes et mouvements s'expliquent par quelques lignes pentagonales, ou décagonales et des rayons. Ce sont : cinq rayons ; deux lignes d'un pentagone étoilé ayant un sommet en haut (dont l'horizontale) ; trois lignes d'un pentagone étoilé ayant un sommet en bas (dont l'horizontale) ; trois des côtés d'un décagone étoilé ; enfin, deux côtés de pentagones convexes.

A gauche, est prolongé un côté de décagone qui parvient

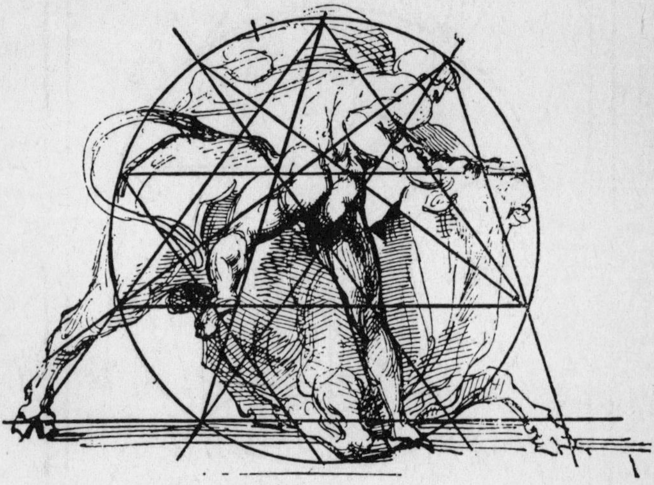

au pied fourchu du taureau ; il y produit une intersection avec le prolongement du côté de pentagone convexe qui trace le sol et qui, prolongé vers la droite, produit, sur le pied du taureau, une intersection avec le prolongement du côté de pentagone parti du front d'Hercule et passant sur l'œil du taureau

La Naissance de Vénus. Tableau de Botticelli (Florence. Galerie des Offices).

Nous définirons la superficie de ce tableau avec deux rectangles dorés égyptiens (1), par leur grand côté jumelés sur

(1) La forme de rectangle en question — que nous avons désignée par (B) ou $(\sqrt{\Phi})$ — est telle que le rapport de la diagonale au petit côté est égal au nombre d'or.

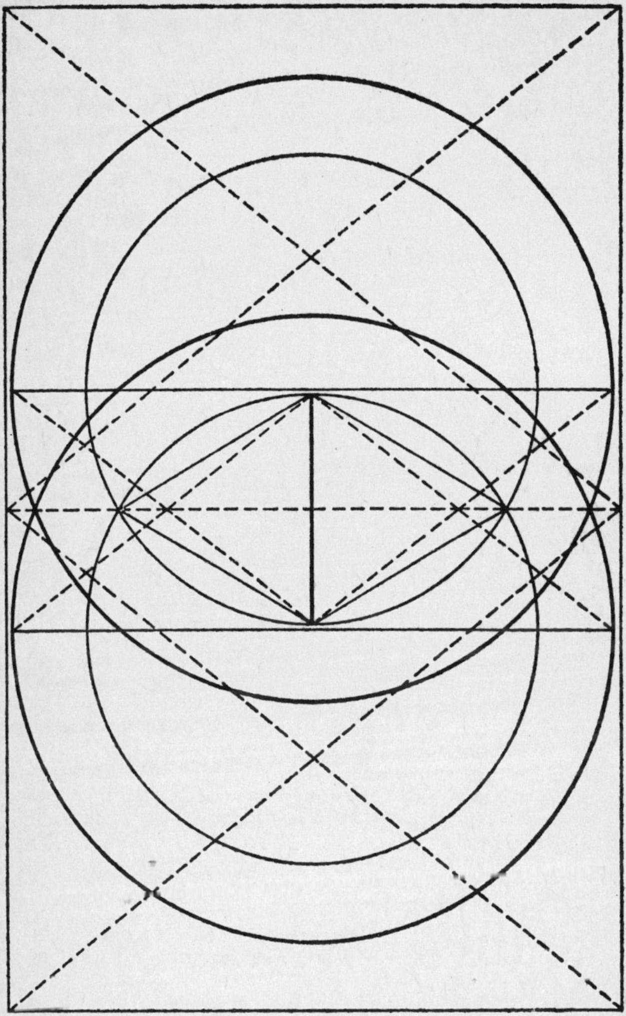

l'axe vertical (diagonales pointillées, angle de 51,8°). Parallèles à cet axe deux lignes donnent la section d'or effectuée dans les deux sens. Deux rectangles, de même type que ceux de la superficie, sont superposés dans l'espace compris entre les deux parallèles à l'axe (lignes pointillées).

A l'une et l'autre extrémités du petit côté jumelant ces rectangles sont centrées une petite et une grande circonférences. Le rayon des petites est donné par le côté jumelant les rectangles superposés. Quant au rayon des grandes circonférences il égale le grand côté d'un petit rectangle.

Le rayon des petites circonférences étant couvert par le diamètre des grandes, ces quatre circonférences sont homothétiques.

Les parties communes aux grandes et aux petites circonférences sont des amandes concentriques. La plus grande de ces amandes a comme largeur le grand segment d'une grandeur, dont le petit segment donne la largeur des petites circonférences. La petite amande contient deux triangles équilatéraux, que nous avons tracés.

Nous ne pouvions ici tracer, comme dans notre *Cahier du Nombre d'Or* (n° IV, *Botticelli*), d'autres lignes pourtant intéressantes.

Au Parthénon. Rectangles homothétiques du plan.

Il n'est pas de monument plus riche quant aux savantes combinaisons géométriques, associant triangles dorés et triangle équilatéral, que le Parthénon. Mais, nous l'avons démontré (cf. *Cahier*, n° V), le rectangle très allongé, définissable par le rapport du nombre d'or entre sa diagonale et la diagonale de la moitié y est d'une importance primordiale. C'est pourquoi

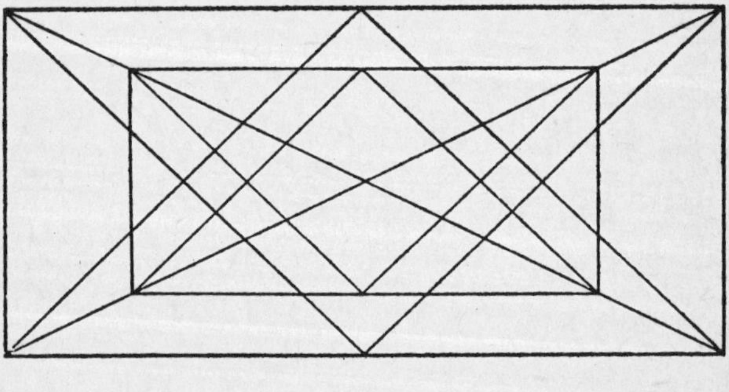

nous avons l'habitude de l'appeler Rectangle Parthénon (1). Assez récemment il nous est apparu que les Egyptiens l'ont employé bien avant la construction du Parthénon par Phidias.

Nous donnons ici l'image des deux rectangles essentiels du plan. Celui de la Maison de la Divinité (Cella et Opisthodome). Les diagonales de ce rectangle introduisent par leurs prolongements l'homothétie ; ils donnent, en effet, les quatre angles du soubassement.

Construction d'un parallélépipède rectangle à parois homothétiques.

Il est possible de construire des parallélépipèdes rectangles, dont les parois longitudinales et transversales sont des rec-

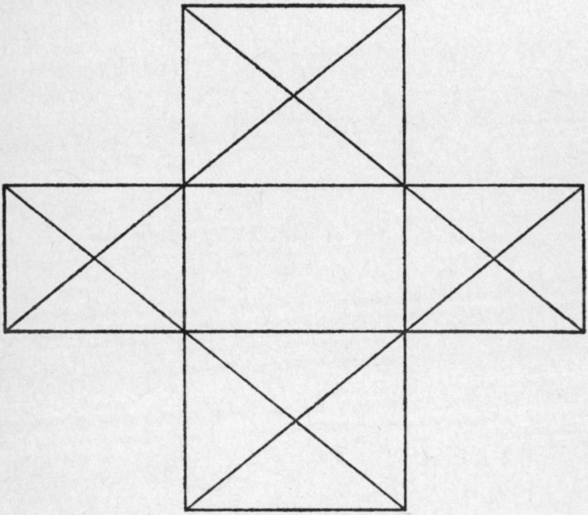

tangles de même type, rabattus vers l'extérieur, ce qui fait apparaître l'homothétie résultant de leurs diagonales. Homothétie qui, en reflétant la Proportion dorée, confère aux volumes une ambiance puissamment harmonieuse.

Je l'ai appris au cours d'une étude géométrique du Temple

(1) Voir p. 61.

d'Amada, en Nubie Egyptienne (1 500 ans environ avant J.-C.). Les parois de son Sanctuaire de la Barque sacrée sont des rectangles 1,618 et son sol un rectangle doré 1/0,382 (1).

Nous donnons, comme exemple, un volume parallélépipédique rectangle, dont les parois longitudinales et transversales — rabattues vers l'extérieur — sont des rectangles dorés égyptiens (rapport du nombre d'or entre petit côté et diagonale). Leurs diagonales sont homothétiques. Le sol et le plafond ont la superficie d'un rectangle 1,618 (2).

(1) Le rectangle 1,618 est, en toute rigueur, la forme — que nous avons désignée par (A) ou (Φ) — telle que le rapport du grand côté au petit côté est égal au nombre d'or (p. 49).

Le rectangle 1/0,382 est tel que le rapport du grand côté au petit côté est égal au carré du nombre d'or, soit très approximativement : 2,618 = 1/0,382 (p. 58).

(2) On nous signale que différents artistes comme Léonard de Vinci et Albert Dürer ont fait état de la structure géométrique représentée ci-dessous, laquelle comporte :

— un pentagone curviligne étoilé inscrit dans un cercle ;
— un petit pentagone convexe, également curviligne ;
— cinq triangles curvilignes ;
— cinq triangles équilatéraux rectilignes (un seul de ces triangles est figuré).

Ladite structure associe les pentagones réguliers et le triangle équilatéral.

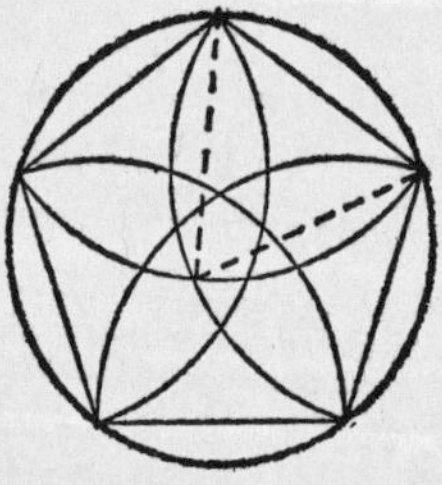

CONCLUSION

En terminant cet ouvrage, il nous reste à résumer comment se présente à nos yeux la réalité « nombre d'or ».

Certains lecteurs aux convictions assurées regretteront peut-être ce qu'ils jugeront un excès de prudence. En fait, dans le cadre du sujet qui nous occupe, il n'est de *certitude* que si l'on s'en tient strictement au domaine mathématique.

Si l'on sort de ce domaine, c'est pour entrer dans l'*aléatoire*. Les certitudes cèdent alors la place à des probabilités (il existe, pour chacun des résultats avancés, une probabilité plus ou moins grande pour que le résultat en question soit exact). D'autre part, l'analyse fait apparaître fréquemment des surabondances, voire des incompatibilités, au moins en théorie.

On peut considérer que l'étude *mathématique* du nombre d'or a été dès à présent très poussée, encore que de nombreuses recherches restent possibles.

D'un autre côté, lorsque l'on tente de rattacher au nombre d'or certains *phénomènes naturels*, on est forcé de constater que les recherches effectuées sur ce thème, jusqu'à ce jour, se bornent à des balbutiements. On n'est même pas assuré qu'au bout de telle recherche se trouve une réalité quelconque.

La situation est encore différente lorsqu'on pénètre dans le domaine de l'*art*. A cet égard, il convient de distinguer. En matière d'observations et d'expériences ressortissant à ce qu'on pourrait qualifier de psychologie esthétique, on peut considérer que les recherches en sont actuellement à leur début. Il n'en va pas de même en ce qui concerne l'étude des œuvres d'art du passé et du présent. D'ores et déjà, d'importantes recherches, prenant le plus souvent la forme de monographies (1), ont été effectuées et ont donné naissance à des méthodes d'investigation qui s'élaborent de proche en proche. Mais la matière est extrêmement abondante et complexe. De ce fait, le travail d'exploration et d'exploitation reste immense.

Le lecteur nous permettra d'exprimer notre opinion sur l'état d'esprit dans lequel il convient de poursuivre les recherches en cours et, éventuellement, en entreprendre de nouvelles. En premier lieu, nous pensons qu'il faut se garder de croire *a priori* à une *exclusivité* du nombre d'or. Une telle opinion pourra heurter de nombreuses personnes, qui y verront une atteinte au prestige du nombre d'or. Il nous est possible de nous défendre contre une telle accusation.

Le lecteur attentif reconnaîtra en effet que, si nous rejetons le dogme de l'exclusivité, nous attribuons en fait au nombre d'or une importance beaucoup plus grande que la plupart de ses plus ardents zélateurs.

C'est ainsi que dans la partie réservée aux *mathématiques* (plus particulièrement à l'algèbre), nous faisons apparaître plusieurs ensembles de nombres pouvant se réclamer légitimement du nombre d'or.

(1) En ce qui concerne plus particulièrement l'*architecture*, il y a lieu de noter que la valeur probatoire de l'analyse est considérablement accrue lorsque le chercheur a disposé de *relevés précis* (ce qui n'est pas toujours le cas) ainsi que de la connaissance des techniques utilisées pour la construction.

A notre avis, c'est dans l'exploration de tels ensembles (ou d'autres) que les recherches hausseront le nombre d'or à sa vraie place et conduiront au maximum d'enrichissement pour l'esprit. Il se trouve d'autre part que l'idée même de nombre d'or est de nature à susciter de multiples observations et expériences à l'intérieur du domaine de la *psychologie esthétique*. De telles entreprises — à condition de les conduire en toute objectivité — mettront en évidence des faits, et peut-être des lois (les uns et les autres font actuellement défaut), où il est possible que le nombre d'or se révèle d'une façon qu'on ne saurait soupçonner.

S'il s'agit plus particulièrement de l'*analyse directe des chefs-d'œuvre*, nous estimons enfin, toujours dans un esprit de non-exclusivité, qu'elle doit utiliser en principe toutes les ressources de la géométrie (et non pas seulement de la géométrie plus « restrictive » du nombre d'or, encore que ce nombre puisse, dans de nombreux cas, servir à ce qu'on pourrait appeler l'amorçage).

Nous terminerons cette conclusion — et le présent ouvrage — par une constatation et une réflexion. Le nombre d'or, c'est un fait, peut être considéré, indépendamment ou à cause de l'attrait quelque peu mystérieux qui s'attache à lui, comme un stimulateur de premier ordre (nous l'avons fréquemment observé autour de nous, et l'avons éprouvé personnellement). Il convient d'en profiter.

BIBLIOGRAPHIE

BORISSAVLIEVITCH (M.), *Le nombre d'or*, Paris, 1952.

BOULEAU (Charles), *Charpentes. La géométrie secrète des peintres*, Paris, aux Editions du Seuil, 1963.

CLEYET-MICHAUD (Marius), *Bulletin de la Société littéraire des P.T.T.* : A propos de la Grande Pyramide (n° 102, juin 1971) ; Les peintres et la géométrie (n° 125, mars 1977) ; La musique et les nombres. Autour d'un adagio de Beethoven (n° 147, 3e trimestre 1982) ; La pyramide de Caïus Cestius (n° 151, 3e trimestre 1983).

FUNCK-HELLET (Dr Ch.), *Les œuvres peintes de la Renaissance italienne et le nombre d'or*, Librairie Le François, 1932.

GHYKA (Matila C.), *Le nombre d'or*, Gallimard, 1931, t. I : *Les rythmes* ; t. II : *Les rites*.

— *Essais sur le rythme*, Gallimard, 1938.

LE CORBUSIER, *Le Modulor*, coll. « Ascoral », Editions de l'architecture d'aujourd'hui, 1950.

— *Modulor 2*, coll. « Ascoral », Editions de l'architecture d'aujourd'hui, 1955.

MAILLARD (Elisa), *Les Cahiers du Nombre d'Or*, Paris, publiés avec le concours du C.N.R.S. I : *Albert Dürer*, 1960. II : *Eglises byzantines*, 1962. III : *Eglises des douzième au quinzième siècles*, 1964. IV : *Botticelli*, 1965. V : *Le Parthénon*, 1968.

MICHEL (Paul-Henri), *De Pythagore à Euclide*, Société d'édition Les Belles-Lettres, 1950.

TEXIER (Marcel-André), *Géométrie de l'architecte*, Ancienne Maison Aug. Vincent, Vincent, Fréal & Cie, successeurs, 1934.

Arts et mathématique, *Revue d'Esthétique*, t. XIV, fasc. III et IV, Paris, Librairie philosophique J. Vrin, 1961, notamment : Etienne SOURIAU, L'Art et les nombres. Paul MONTEL, La Mathématique du nombre d'or. Elisa MAILLARD, Les proportions du nombre d'or dans les œuvres à deux dimensions.

PACIOLI (Luca), *Divine Proportion* (texte en italien avec illustrations de LÉONARD DE VINCI, traduction en français), Librairie du Compagnonnage, 1980.

WILLARD (Claude-Jean), *Le nombre d'or*, Editions Magnard, 1987.

TABLE DES MATIÈRES

Imprimé en France
Imprimerie des Presses Universitaires de France
73, avenue Ronsard, 41100 Vendôme
Mai 1988 — N° 33 555